ゼロトラスト
Googleが選んだ
最強のセキュリティー

勝村 幸博
日経NETWORK編集長

日経BP

はじめに

「ゼロトラスト（Ｚｅｒｏ Ｔｒｕｓｔ）」という新しいセキュリティーの考え方に基づく業務システムの導入が加速している。直訳すると「信頼ゼロ」。何も信頼しないという意味だ。ネットワークやコンピューターシステムの信頼性を担保するための考え方であるにもかかわらず「信頼しない」とは不可解だ、そう混乱する人も少なくないだろう。

ゼロトラストはコンピューター・セキュリティーで今後の主流になっていく考え方だ。現在のコンピューター環境を取り巻くサイバー攻撃の手法は、どんどん巧妙かつ複雑になっている。ゼロトラストはもともと、こうした脅威に効率的かつ有効に対処するために考え出された。また、経済性や利便性の観点から多くの企業で急速に進む業務システムのクラウドシフトの進展も、ゼロトラストへの移行が急がれる背景にある。

さらに２０２０年に発生した新型コロナウイルス感染症の世界的流行、いわゆるコロナ禍で、多くの企業がリモートワークを本格的に導入し始めたのも大きい。つまり、凶悪化した最近のサイバー攻撃に対抗しやすく、クラウドシフトした今どきの業務システムに対応でき、リモートワークのような働き方改革にも適応しやすい新しいセキュリティーの考え方、それがゼロトラストなのだ。

本書では、このゼロトラストを、主にビジネスマンを想定して基礎から分かりやすく解説する。ゼロトラストとは何なのか、なぜゼロトラストが必要なのか、どのような脅威に対して有効なのか、ゼロトラストを実現するにはどういった機能やサービスが必要なのか、ゼロトラストを実践するにはどうすればよいのか、ゼロトラストで守るべき脅威は何なのかなどを説明し、理解していただくのが本書の目的である。

組織のネットワークがインターネットにつながり、インターネットなしでの業務継続が難しくなった現在、どのような組織であってもセキュリティーを意識しないわけにはいかなくなった。ビジネスパーソンにとっても同様だ。システム管理者やセキュリティー担当者、最高情報責任者（ＣＩＯ）はもちろん、経営者や一般の従業員もセキュリティーに関して無知ではいられない。組織に属するたった１人の不適切な振る舞いが、組織全体に大きな被害をもたらす時代になっているからだ。

本書はＩＴを活用するすべてのビジネスパーソンを対象にしている。企業などの組織でＩＴの導入や運用の方針を決める立場の経営層やそのスタッフは、昨今のサイバー攻撃の凶悪化や、その対策としてのセキュリティー体制の複雑化、設備投資や運用費用の増大に頭を悩ませているはずだ。ゼロトラストは、複雑に絡んだこうした課題の解決を図る最適解になり得る。

業務でパソコンなどを使っていれば、少なくても「サイバー攻撃」や「ウイルス対策ソフト」、「ファイアウォール」といった言葉を耳にしたことがあるだろう。そういった言葉の意味を、何となくでも分かっている人すべてを対象にした。ゼロトラストの概要や技術の解説に加えて、導入に向けた基本的な知識が得られるように丁寧に説明した。

ゼロトラストとは何かを知りたい人はまず、第1章を読んでいただきたい。この章を読むとゼロトラストの概要や登場の背景、ゼロトラストがどんな問題を解決できるかをつかめるだろう。

ゼロトラストを構成する技術要素を知りたい人は上記に加えて第2章、もう一歩踏み込んで、ゼロトラストを実現するクラウドサービスについて知りたい人は第3章および第4章を読んでほしい。具体的な導入手順は第5章で解説する。また、いわゆるサイバー攻撃と呼ばれる現在のセキュリティー脅威をまとめた第6章も独立した内容になっているので、すべての人に読んでもらいたい。

ある程度セキュリティーに詳しい人でも、ゼロトラストに必要なクラウドサービスなどの名称にはなじみがなく面食らうかもしれない。そのため本書では、略語ではなく英語をカタカナ表記にしたり、日本語に訳したりした名称と略語をできるだけ併記して記述した。また、既出の用語でもそれぞれの章でできるだけ解説するようにした。

それでもなお、似たような名称も多くとっつきにくいかもしれない。何度も目にするうちに慣れると思うので、できるだけ多くの章に目を通してもらえると理解が深まるだろう。

繰り返しになるが、ゼロトラストはあくまでも考え方であり、ファイアウォールなどの製品の名称ではない。「これさえ導入すればゼロトラストを実現できる」といったゼロトラスト製品は存在しない。このため理解するのが難しい面がある。だが内容自体は難解ではない。一度腹落ちすれば、セキュリティー対策全般を理解するのにも役立つ。

ゼロトラストは今後のセキュリティーで常識になっていく考え方だ。今のうちから理解しておくとこれから何かと役に立つはずだ。本書がその助けになれば幸いである。

日経NETWORK編集長
勝村 幸博

はじめに …… 2

第1章 ゼロトラストとは何か …… 11
登場の背景となる現状のセキュリティーの課題と解決策を解説
「何も信頼しない」セキュリティーが主流に▽リモートワークの普及で利用者も社外に▽防御困難なサイバー攻撃「APT攻撃」▽全面導入第1弾は天下のグーグル

第2章 ゼロトラストを実現する技術 …… 61
実現に必要な技術要素をリストアップし、それぞれの機能を紹介
境界防御からの移行は簡単じゃない▽多要素認証（MFA）が必須な理由▽「関所」はクラウドサービスで実現▽業務アプリケーションを外部から利用

第3章 ゼロトラストを構成するサービス …… 89
実装に使われるクラウドサービスそれぞれの特徴を詳しく解説
アイデンティティー&アクセス管理（IAM）▽アイデンティティー認識型プロキシー

（IAP）▽セキュアWebゲートウエイ（SWG）▽クラウド・アクセス・セキュリティー・ブローカー（CASB）▽モバイルデバイス管理（MDM）／モバイルアプリケーション管理（MAM）▽セキュリティー情報イベント管理（SIEM）▽情報漏洩防止（DLP）▽エンドポイント・ディテクション&レスポンス（EDR）

第4章 **ゼロトラストを強化する連携** …… 139

クラウドサービス間の連携により安全性が高まる仕組みを解説

サービスの連携で守りを固める▽攻撃者が有利な「インターネット脅威モデル」▽シングルサインオン（SSO）で業務アプリケーションを利用▽サービスの組み合わせで認証を強固に▽不正アクセスの監視は不可欠

第5章 **ゼロトラストの導入手順** …… 161

従来の境界防御から切り替える際の注意点、導入の手順を解説

米グーグルですら8年を要した▽第一歩は利用者のアイデンティティー管理▽脱VPNはゼロトラストのゴール？▽ログ収集と解析で攻撃を検知

第6章

ゼロトラストを脅かすサイバー攻撃……183

登場の背景となった昨今のサイバー攻撃とその手口を詳細に紹介

フィッシング詐欺▽ビジネスメール詐欺▽マルウエア▽ドライブ・バイ・ダウンロード攻撃▽サプライチェーン攻撃▽ランサムウエア▽暴露型ランサムウエア攻撃▽VPN経由の不正侵入▽自給自足型攻撃（LOTL攻撃）

第1章

ゼロトラストとは何か

「何も信頼しない」セキュリティーが主流に

この章では、「ゼロトラスト」とは何か、従来のセキュリティーの考え方と何が異なるのか、どのような経緯で登場したのかを解説する。ゼロトラストは「ゼロトラストネットワーク」や「ゼロトラストセキュリティー」などとも呼ばれる。本書では以後、ゼロトラストとする。

ゼロトラストとは、文字通り「何も信頼しない」という新しいセキュリティーの考え方である。言い方を変えると、「すべてを疑ってかかる」ということだ。例えば、社内にあるコンピューターに利用者がアクセスしようとした場合を想定しよう。このとき、社内ネットワークからのアクセスであっても、インターネットからのアクセスであっても同じように疑って扱うのがゼロトラストである。

ゼロトラストでは、利用者は自分がいる場所にかかわらず、インターネットなどに設置された「関所」にまずアクセスする（**図1－1**）。関所では正規の利用者が正規の目的でアクセスしているかどうかを確認する。いわゆる利用者認証（ユーザー認証）を行う。

図1-1　ゼロトラストのイメージ

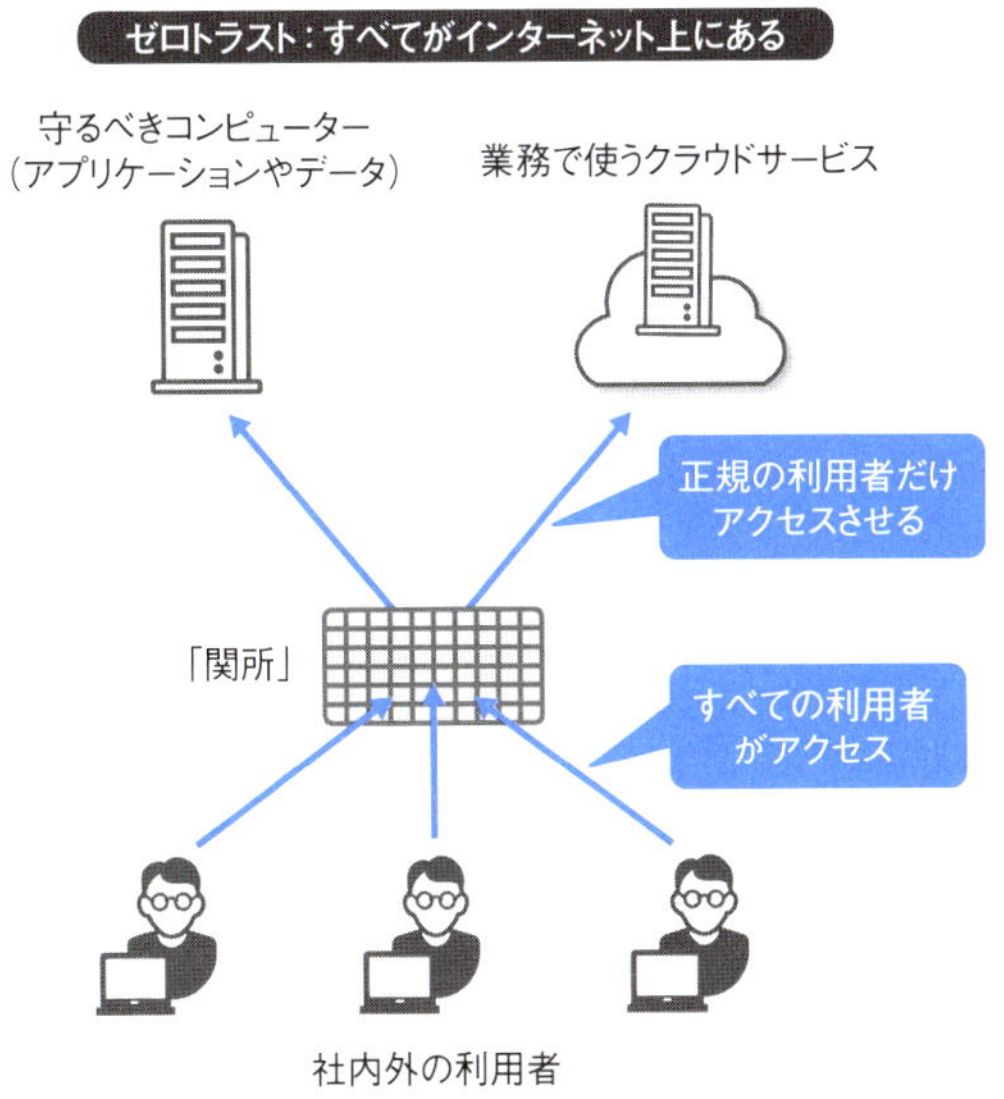

正規の利用者だと確認できたら、関所は「通行手形」を発行する。それを受け取った利用者は、その通行手形に書かれたコンピューター（アプリケーションやデータ）にアクセスできるようになる。このとき発行された通行手形は万能ではない。時間が経過すると失効するので、利用者は関所にアクセスし直して再度発行してもらう必要がある。また、別のコンピューターにアクセスするには別の通行手形が必要になる。関所は通行手形の発行に当たり、利用者を認証するだけではなく、アクセスしている端末や場所もチェックする。例えば国内にいるはずなのにアクセスが海外からであったり、その利用者が初めて利用する端末でのアクセスであったりしないかを確認する。認証は煩雑ではあるが、その分安全性は高い。

ゼロトラストは従来のセキュリティーの考え方とどこが違うのだろうか。これまで主流であったセキュリティーの考え方は「境界防御」と呼ばれる（図1−2）。この考え方では社内ネットワークは信頼できる、インターネットは信頼できないとして明確に区別する。明確に区別した上で、境界防御では社内ネットワークとインターネットの境界をしっかり守る。なぜかというと、安全な領域である社内ネットワークに対して、インターネットは危険だからだ。インターネットから社内ネットワークに入ろうとするアクセスは厳重に警戒する必要

図1-2　境界防御のイメージ

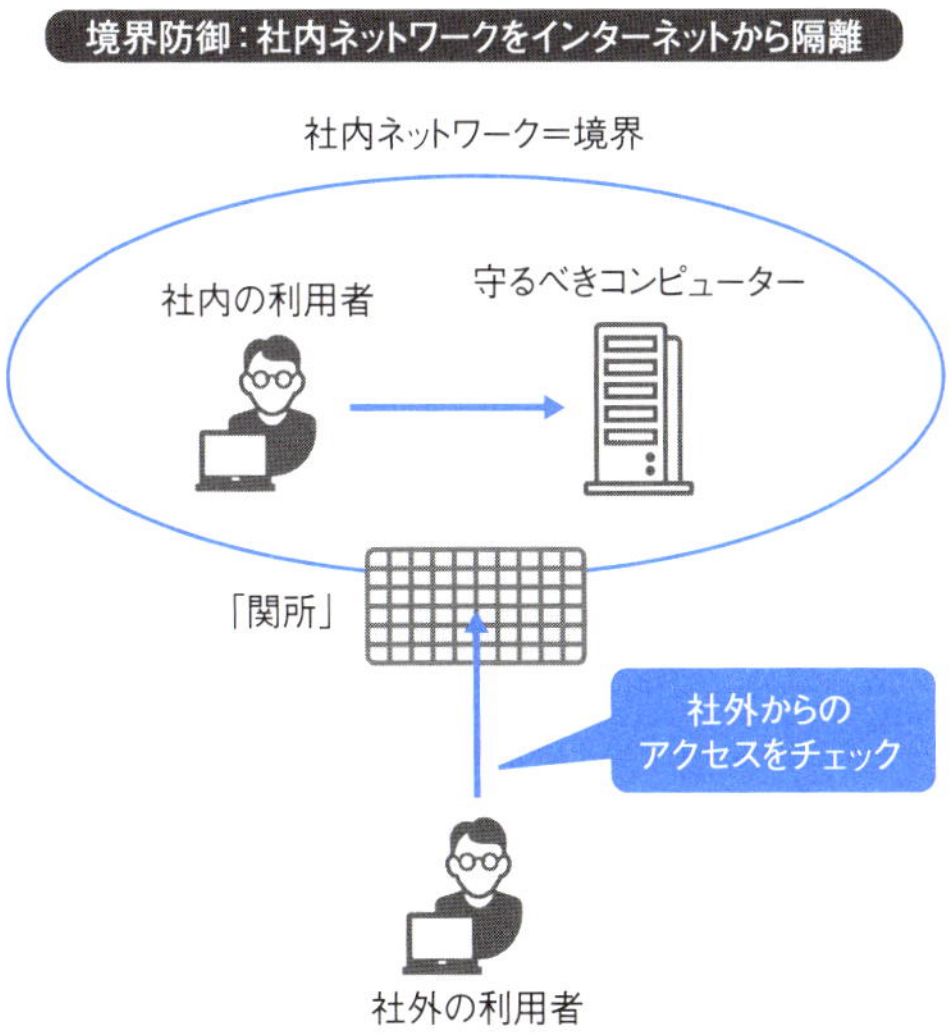

がある。社内ネットワークは城あるいは城下町で、インターネットは荒野。社内ネットワークとインターネットは城門のある道とだけつながっているイメージだ。境界防御では城門に関所を置いて、インターネット側から社内ネットワークのコンピューターにアクセスしようとする利用者や機器をチェックする。関所でのチェックを通過すれば、社内ネットワークのコンピューターに自由にアクセスできる。ゼロトラストに比べてシンプルで分かりやすい。

「クラウド」「リモートワーク」「サイバー攻撃」が背景

ゼロトラストが注目されているのは、従来の境界防御が限界に達してきたからだ。業務に使うシステムをクラウドサービスに移行する「クラウドシフト」や、利用者が社外に出てインターネットを使って自宅などで働く「リモートワーク」に代表される働き改革、そして手口が巧妙かつ執拗になり、防ぎ切れなくなった昨今の「サイバー攻撃」が背景にある（図1－3）。今まで社内ネットワーク内に収めていた利用者や端末、サーバーなどの機器およびデータがいずれも社外に出て行ってしまうと、「城の中をしっかり守る」という境界防御の原則を適用しにくくなる。利用者は働き方改革によるリモートワークの普及で社外に飛び出

図1-3　境界防御を限界に導いた3つの理由

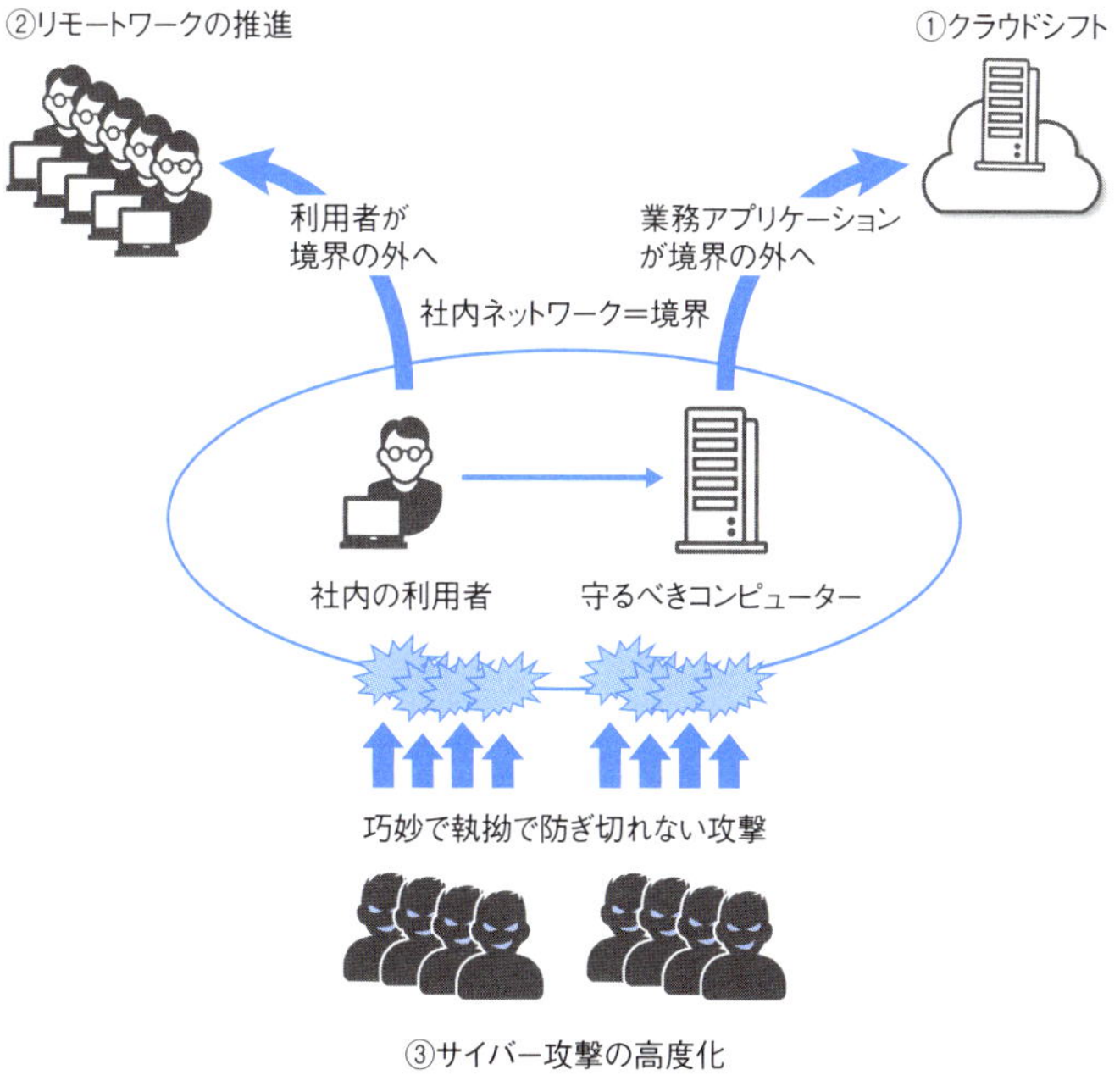

し、サーバーなどの機器やそれが収めたデータは、システム運用コストの削減や利便性の観点で企業システム自体がクラウドシフトした結果、外部化した。

特定の組織を狙った高度なサイバー攻撃は2010年ごろに出現し、どんどん手口が巧妙に進化した結果、今ではほとんどの企業や組織にとって防ぎ切ること自体が困難になっている。境界防御ではいったん内部に攻撃者の侵入を許すと、社内ネットワーク全体が被害を受けてしまう。これを防ぐには、社内ネットワークを安全圏と見なさず、社内からのアクセスでも信頼しないゼロトラストという考え方が不可欠になった。

ゼロトラストが急速に広まったきっかけは、米グーグルがゼロトラストを自社のネットワークに全面的に採用して、その有効性を明らかにしたからだ。同社は大規模サイバー攻撃で大きな被害を受けたことをきっかけに、約8年をかけて自社のネットワークの全面刷新に取り組み、構築したネットワーク「ビヨンドコープ（BeyondCorp）」の技術的詳細と成果を2014年以降に論文として公表した（**図1－4**）。論文ではゼロトラストの考え方を適用した自社ネットワークの構築で得られた知見や技術的な詳細を余すことなく公開。セ

図1-4　米グーグルの社内システム「ビヨンドコープ」の論文

BeyondCorp
A New Approach to Enterprise Security

RORY WARD AND BETSY BEYER

Rory Ward is a site reliability engineering manager in Google Ireland. He previously worked in Ireland at Valista, in Silicon Valley at AOL, Netscape, Kiva, and General Magic, and in Los Angeles at Retix. He has a BSc in computer applications from Dublin City University.

Betsy Beyer is a technical writer specializing in virtualization software for Google SRE in NYC. She has previously provided documentation for Google Data Center and Hardware Operations teams. Before moving to New York, Betsy was a lecturer in technical writing at Stanford University. She holds degrees from Stanford and Tulane.

Virtually every company today uses firewalls to enforce perimeter security. However, this security model is problematic because, when that perimeter is breached, an attacker has relatively easy access to a company's privileged intranet. As companies adopt mobile and cloud technologies, the perimeter is becoming increasingly difficult to enforce. Google is taking a different approach to network security. We are removing the requirement for a privileged intranet and moving our corporate applications to the Internet.

Since the early days of IT infrastructure, enterprises have used perimeter security to protect and gate access to internal resources. The perimeter security model is often compared to a medieval castle: a fortress with thick walls, surrounded by a moat, with a heavily guarded single point of entry and exit. Anything located outside the wall is considered dangerous, while anything located inside the wall is trusted. Anyone who makes it past the drawbridge has ready access to the resources of the castle.

The perimeter security model works well enough when all employees work exclusively in buildings owned by an enterprise. However, with the advent of a mobile workforce, the surge in the variety of devices used by this workforce, and the growing use of cloud-based services, additional attack vectors have emerged that are stretching the traditional paradigm to the point of redundancy. Key assumptions of this model no longer hold: The perimeter is no longer just the physical location of the enterprise, and what lies inside the perimeter is no longer a blessed and safe place to host personal computing devices and enterprise applications.

While most enterprises assume that the internal network is a safe environment in which to expose corporate applications, Google's experience has proven that this faith is misplaced. Rather, one should assume that an internal network is as fraught with danger as the public Internet and build enterprise applications based upon this assumption.

Google's BeyondCorp initiative is moving to a new model that dispenses with a privileged corporate network. Instead, access depends solely on device and user credentials, regardless of a user's network location—be it an enterprise location, a home network, or a hotel or coffee shop. All access to enterprise resources is fully authenticated, fully authorized, and fully encrypted based upon device state and user credentials. We can enforce fine-grained access to different parts of enterprise resources. As a result, all Google employees can work successfully from any network, and without the need for a traditional VPN connection into the privileged network. The user experience between local and remote access to enterprise resources is effectively identical, apart from potential differences in latency.

The Major Components of BeyondCorp

BeyondCorp consists of many cooperating components to ensure that only appropriately authenticated devices and users are authorized to access the requisite enterprise applications. Each component is described below (see Figure 1).

6 ;login: DECEMBER 2014 VOL. 39, NO. 6　www.usenix.org

出所：グーグル

キュリティー関係者を驚かせた。また、これに呼応したセキュリティーベンダー各社が、ゼロトラストに利用できる製品やサービスを積極的に提供し始めた。ゼロトラストの導入ハードルが大きく下がり、ゼロトラストの導入機運が一気に高まったのだ。

なおゼロトラストや境界防御はあくまでも考え方なので、特定の製品やサービスを導入するだけで簡単に実現できるものではない。現状では複数の製品やサービスを組み合わせて実現する必要があるケースが多い。また実現方法そのものも様々で、組織によって最適解は異なる。

いよいよ限界を迎えた「境界防御」

ではなぜ、グーグルはゼロトラストのような考え方で自社ネットワークを再構築したのだろうか。なぜゼロトラストが必要になってきたのだろうか。シンプルで分かりやすい境界防御ではなぜ不十分なのか。城門の関所できちんとチェックすればセキュリティーは十分機能するように感じる。それを理解するために、境界防御の発展の経緯とその限界を詳しく解説していこう。

そもそも組織のネットワークに防御が必要となったのは、インターネットとつながったためだ。インターネットが普及する前、組織のネットワークは閉域網と呼ばれるネットワーク技術で拠点間をつないでいた（図1―5）。閉域網とは要するに自分たちの組織だけしか使わない閉じたネットワークだ。通信事業者が提供するサービスを利用して構築するのが一般的なやり方ではあるが、ネットワーク自体は自社で閉じている。つまり、データのやりとりは自社内で完結しており、そもそも第三者にアクセスされる心配は少なかった。だがインターネットの登場により状況が大きく変わった。今やインターネットはどの組織にとっても重要なインフラになっている。ほとんどの組織の社内ネットワークはインターネットに接続されており、社内からインターネットのサービスを利用できるようになっている。インターネットからのアクセスを許し、サービスを提供するケースもある。こうした環境の変化により、それまで考えられなかったようなデータの流通が可能になった。

例えば、ほかの組織と低コストでデータをやりとりできるようになった。組織がインター

図1-5　インターネット普及前と後

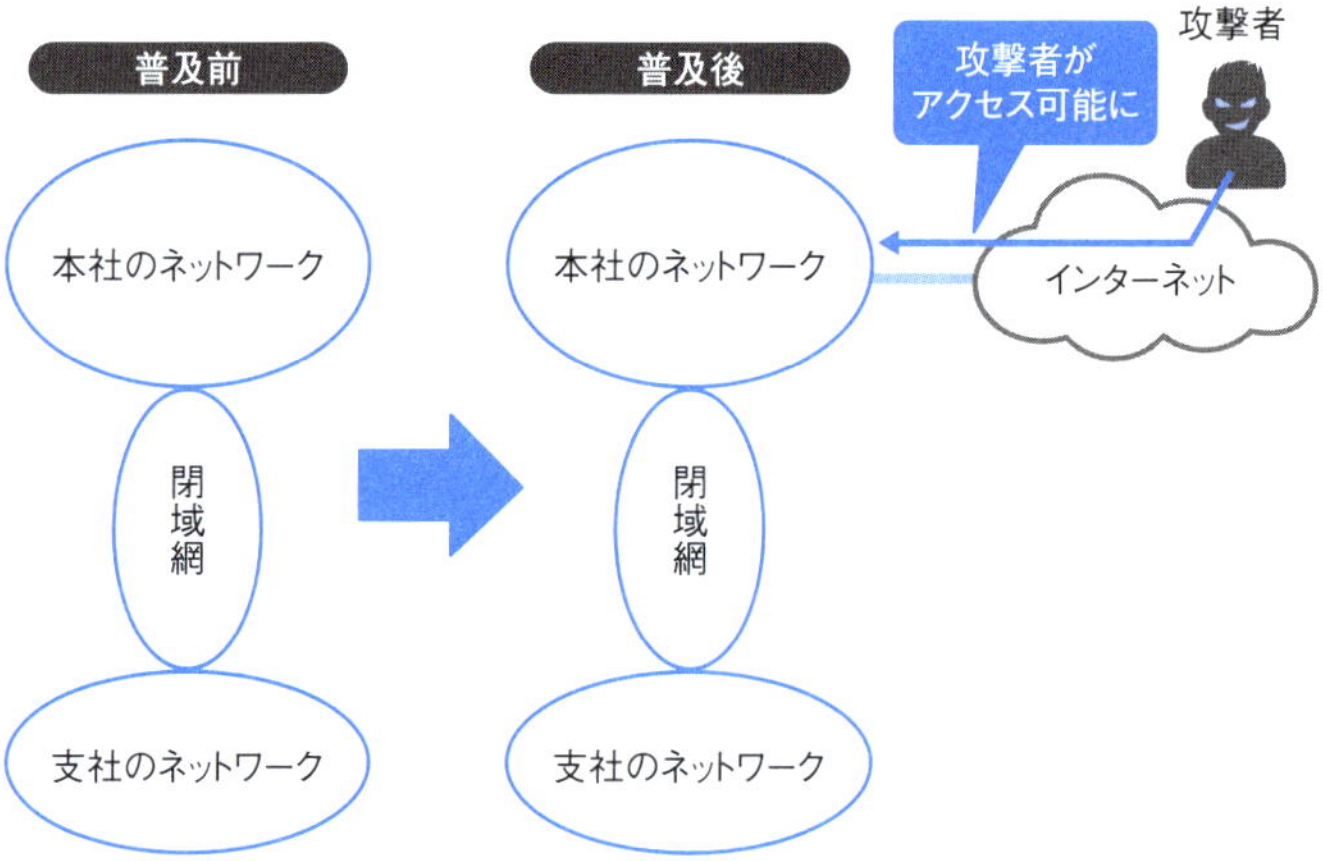

ネット経由で一般利用者にサービスを提供したり、他の組織が提供するサービスを利用したりできるようにもなった。その半面、外部からのサイバー攻撃を受ける可能性が高まった。インターネットは、基本的に誰でもアクセスできるネットワークだからだ。利便性と危険性（リスク）はトレードオフの関係にある。インターネットを利用できるというメリットを享受する代わりに、サイバー攻撃を受けるかもしれないというリスクを受け入れる必要がある。

インターネット利用がリスクを拡大

インターネットのメリットを享受すると判断した組織は、自社のデータや機器を攻撃者から守る必要がある。そこで、守るべき対象を社内ネットワークに閉じ込めて、外部からの攻撃を防御するという考え方が生まれた。これが境界防御と呼ばれるセキュリティーの考え方だ。境界モデルなどとも呼ばれる。境界防御では攻撃者が潜んでいると思われるインターネットと、守りたいデータや機器がある社内ネットワークを分離する（図1-6）。そして関所において両者でやりとりするデータをチェックし、攻撃者や不正なデータが入れないようにする。これにより社内ネットワークは理論上「安全な場所」になる。社内ネットワークの内

図1-6　社内ネットワークとインターネットを分離

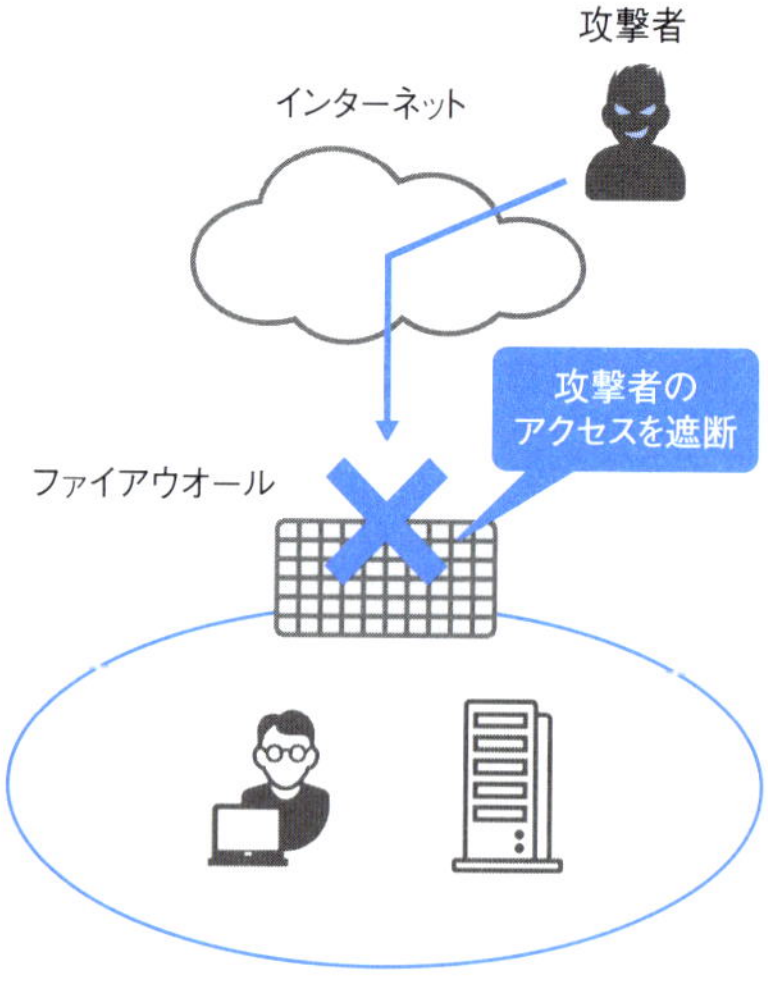

部は安全なので、そこにあるデータや機器を個別に守る必要がなくなる。関所での守りだけに全力を注げばよいからだ。

境界防御で関所の役割を担うのは、ファイアウオールと呼ばれるセキュリティー製品である。ファイアウオール製品は、ファイアウオールの機能を担うソフトウエアとしても提供されているが、多くは「アプライアンス」と呼ばれる形状で提供される。専用のハードウエア（機器）に、ファイアウオールの機能を担うソフトウエアをインストールしたネットワーク機器の形である。ネットワーク機器として境界領域に「置いてケーブルをつなぐ」だけで機能する運用ができる。

ファイアウオールはデータの送信元や宛先をチェックして、利用している組織が許可していない送信元や宛先のデータは遮断する（**図1−7**）。一般的には、社内ネットワークからインターネットへの通信の制限は緩くして、インターネットから社内ネットワークへの通信の制限は厳しくする。後者については、社内ネットワークからインターネットに向けて送った通信に対する応答は許可するが、インターネット側から送られてくる通信は遮断するケー

図1-7　ファイアウオールの役割

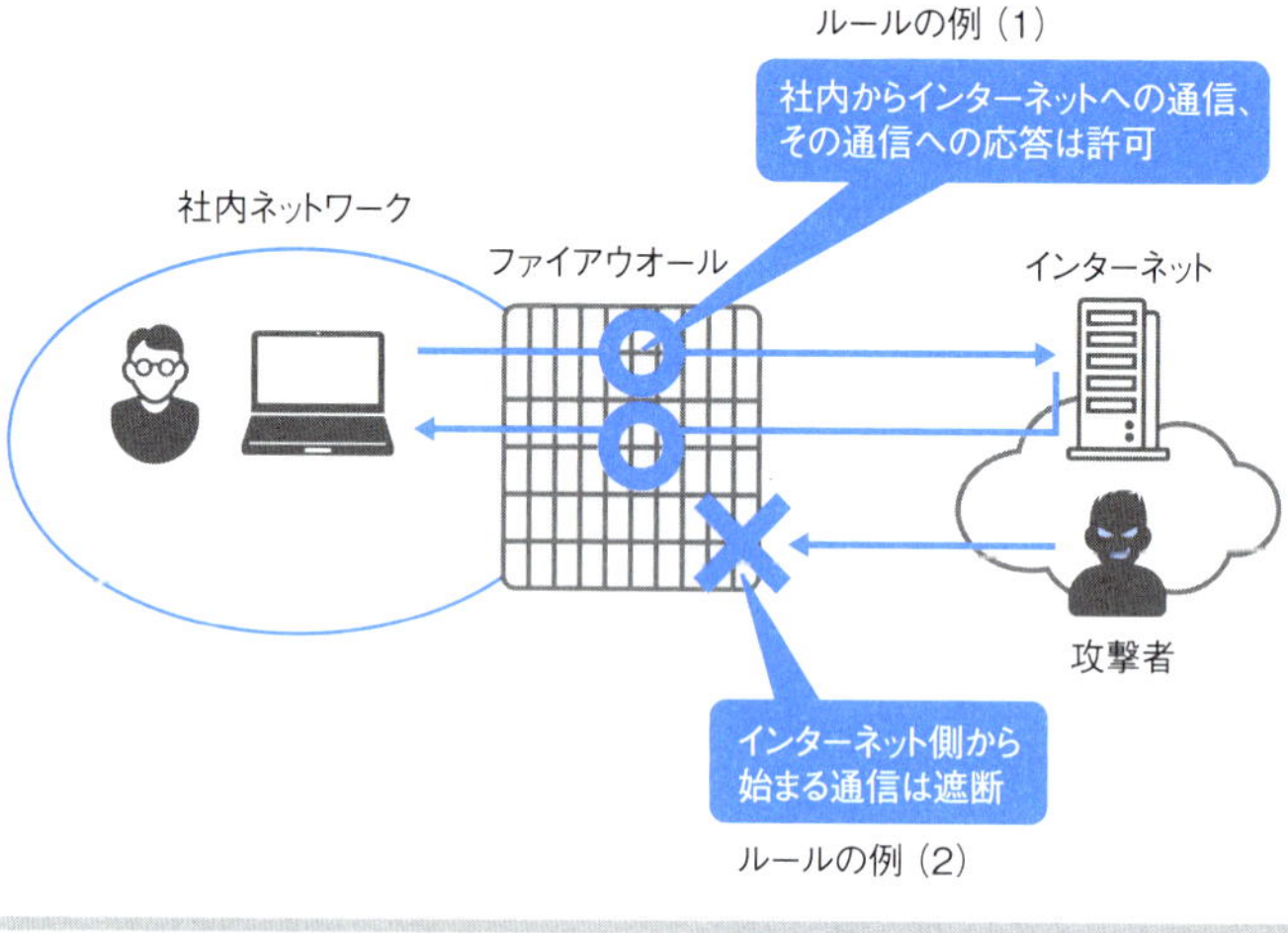

スがほとんどだ。さらに最近のセキュリティー製品では、送信元や宛先だけではなくデータの中身をチェックするのが当たり前になっている。これにより許可していないアプリケーションやサービス（例えば情報漏洩につながる恐れがあるものなど）のデータを遮断して従業員が使えなくする機能も提供されている。

インターネットが広く普及してきた2000年ごろには、ファイアウォールは既に広く導入されていた。当時の代表的な製品は、イスラエルのチェック・ポイント・ソフトウェア・テクノロジーズが提供する「ファイアウォール1（Firewall−1）」だった。その後、様々な製品が登場し、ほとんどの組織が導入するに至っている。現在ではデータの中身を見て、マルウエア（コンピューターウイルス）や不正なデータが含まれる場合には検知して遮断する機能も備えたUTM（統合脅威管理）と呼ばれる製品が主流だ。

境界防御の一番のメリットは、社内ネットワークを物理的に守れることである（図1−8）。社内ネットワークを特定の建物内のオフィスに構築し、そこに守るべきデータや機器、利用者を置いてインターネットから物理的に分離する。境界部分に配置したファイアウォールや

図1-8　境界防御ではネットワークを物理的に隔離

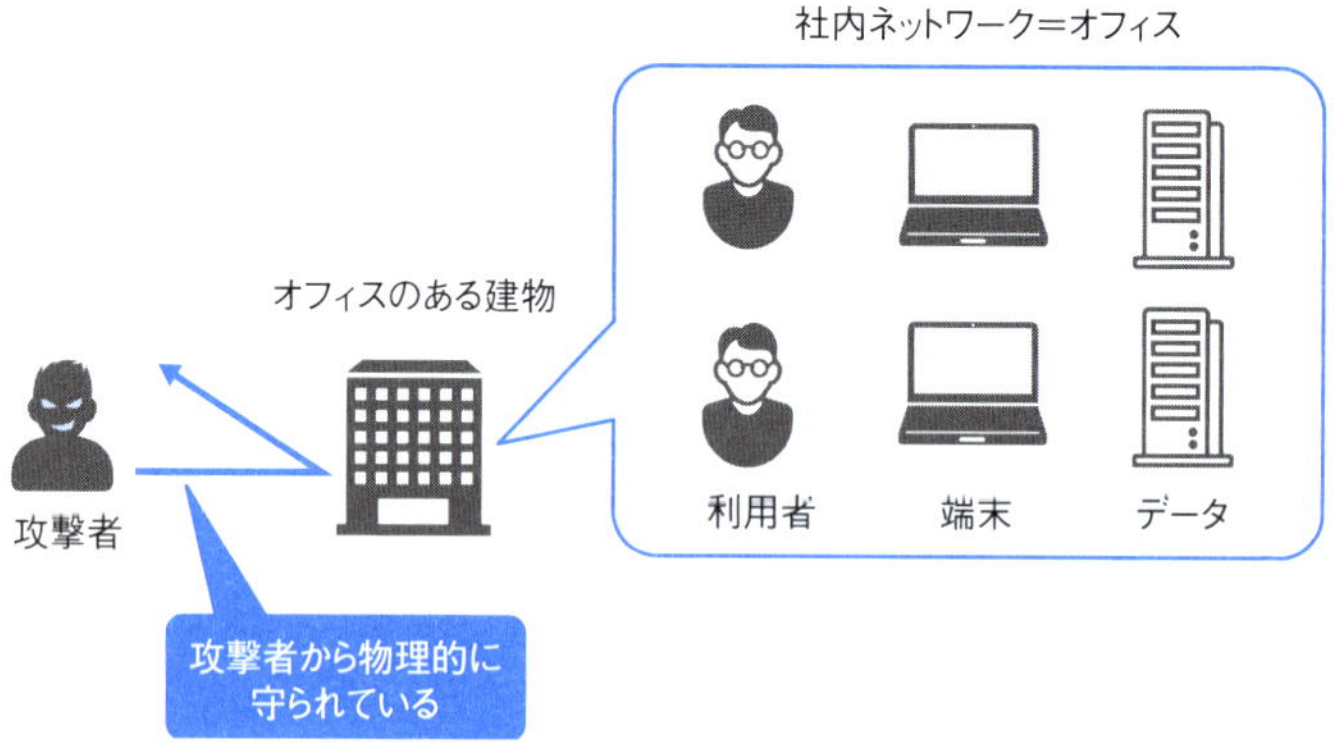

ＵＴＭといった関所経由を除けば、社内ネットワークにアクセスするには、オフィスに物理的に侵入しなければならない。多くのオフィスは入退室を管理しているので、攻撃者が侵入するのは容易ではないはずだ。正規の利用者および正規の端末だけが社内ネットワークのデータや他の機器にアクセスできる。社内ネットワークを物理的に隔離しているおかげで、利用者や端末の安全性が担保できている。これは運用をシンプルにするという点で、境界防御の大きなメリットになる。

例えば社内ネットワークのサーバーにアクセスがあったとする。アクセスできるのは社内ネットワークにある機器であり、その機器を操作できるのはオフィスに入れる正規の利用者だけなので、それぞれのサーバーはそのアクセスが正当なものであるかを細かく判断する必要がない。もちろん利用者ごとにアクセスできるデータは異なるので利用者認証は必要だが、誰がアクセスしているのかさえ分かればよいので、ＩＤとパスワードといった簡単な認証で十分に用は足りる。

VPNはあくまで境界防御の延長

ところがインターネットをはじめとする技術やサービスの進化、組織の働き方の多様化などに伴って、単純な境界防御の仕組みは実態にそぐわなくなってきた。

まず、社内のアプリケーションやデータを社内ネットワークに物理的に隔離していると、セキュリティーは高まるが利便性が下がる。社外にいる利用者が一切利用できなくなるからだ。そこで、社外からインターネット経由で社内ネットワークに接続するために、VPN（バーチャル・プライベート・ネットワーク）という仕組みが作られた。

VPNは日本語では仮想私設網などと呼ばれる。VPNは社外の機器やネットワークを、暗号化した通信路で社内ネットワークと接続する仕組みである。暗号化されているので、通信路を流れるデータは外部から盗聴できない。その一方でVPNで接続された社外の機器は、まるで社内にいるかのように社内ネットワークへアクセスできる。暗号技術を使って社内ネットワークを拡張するイメージだ（**図1－9**）。境界防御の考え方を守りつつ、社外か

図1-9　VPNのイメージ

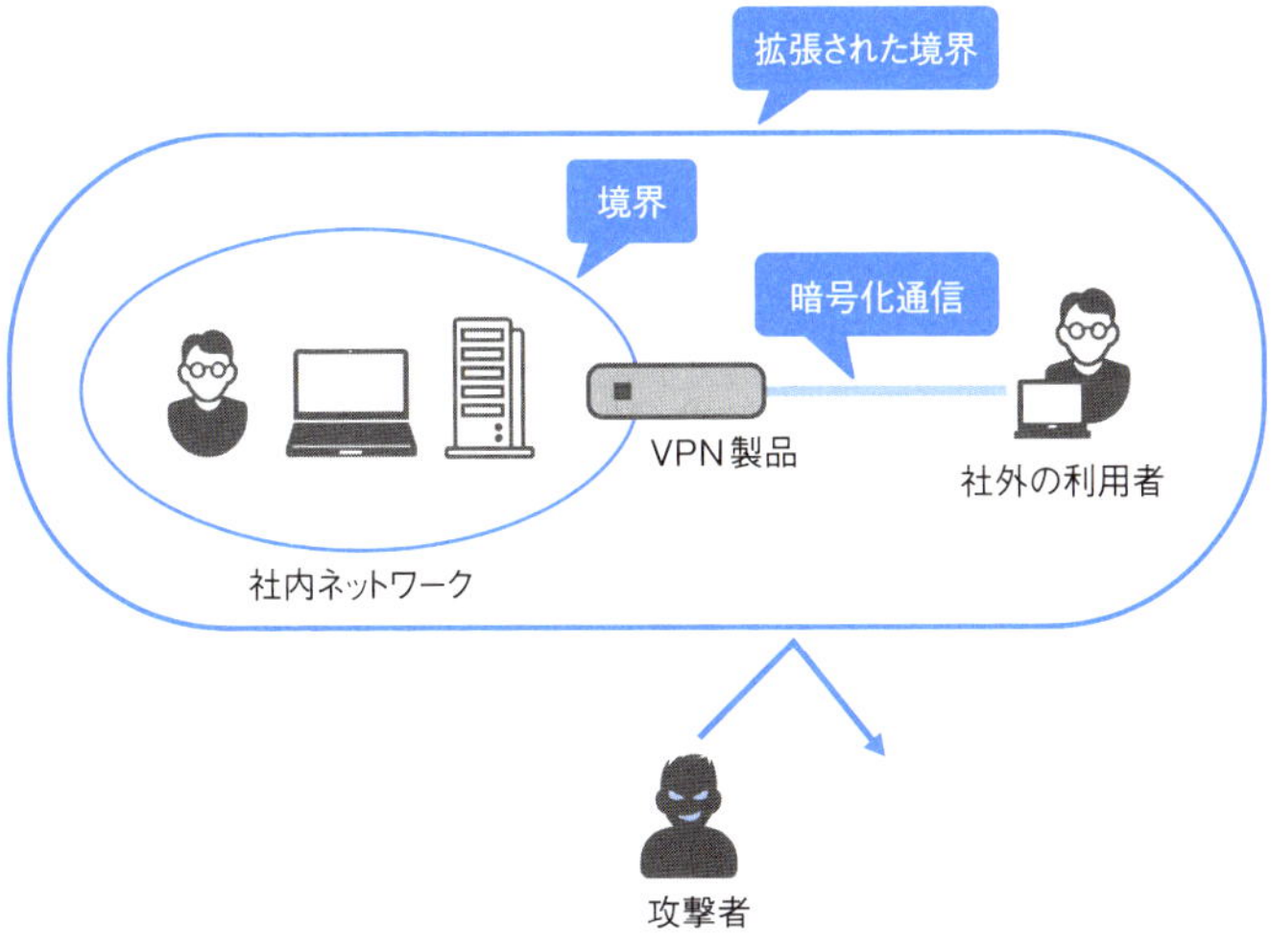

らも社内のアプリケーションやデータを外から利用できる利便性を提供できるVPNは、今では多くの企業や組織で使われている。

社内ネットワークは物理的に隔離しておき、社外の利用者はVPNで例外的にカバーする。こういった境界防御は多くの企業で一般的だった。この考え方では社内ネットワークの内部やVPNの接続先は安全と見なすので、境界内部の守りを固める必要がない。もちろん万全ではない。チェックをかいくぐって社内ネットワークに侵入されると、被害の拡大は免れない。そうしたリスクは残るものの、境界防御は費用対効果に優れていて、実装も容易である。社内ネットワークへの侵入被害は少なからず発生していたが、境界防御は採用され続けてきた。

クラウドの利用拡大でデータが社外に

ところがここ数年でこの前提が大きく変わった。前述のようにクラウドシフトと働き方改革の浸透によるリモートワークの普及がその原因だ（図1-10）。さらに2020年に発生

図1-10　利用者やデータが社内ネットワークの外に

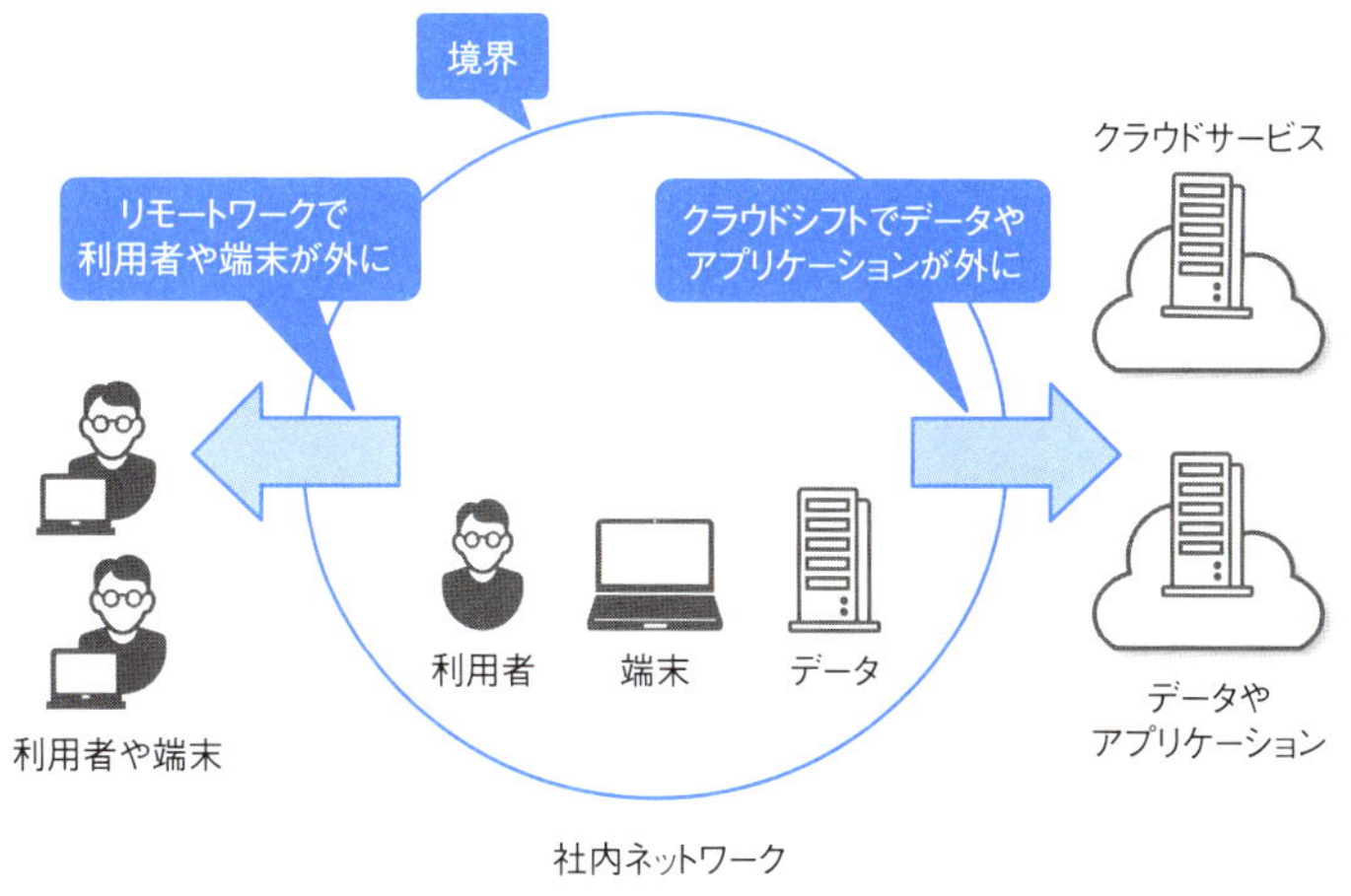

した新型コロナウイルス感染症の世界的流行が、リモートワークの一般化に拍車をかけた。

クラウドシフトとは業務アプリケーションへのクラウドサービスの利用拡大である。具体的にはこれまで社内ネットワークで運用していた業務アプリケーションなどをクラウドサービスに移行することを指す。2010年前後から多くの組織でクラウドシフトが進んでおり、その流れは加速するばかりだ。クラウドサービスは、インターネットなどの外部ネットワーク経由で提供されるサービスの総称。サービスの利用に必要なアプリケーションやデータ、機器はクラウドサービス事業者が運用管理する。大規模なデータセンターで大量のコンピューターを運用し、その計算資源（リソース）を切り売りするイメージだ。

利用企業側から見たクラウドサービスの一番大きな利点は、自社でソフトウエアやハードウエアを用意する必要がなく、初期コストをそれほどかけずにサービスの利用を開始できるところ。当然ランニングコスト（料金）はかかるが運用管理の負荷は大きく軽減できる。料金も多くの事業者がサービスを提供するようになって落ち着いてきている。ちなみにクラウドは英語で雲のこと。以前からネットワーク構成図などでは、インターネットを含む外部ネットワークを雲の絵で表していた。このため外部ネットワーク経由で提供されるサービスを「クラウドサービス」や「クラウドコンピューティング」と呼ぶようになった。

クラウドサービスが登場した当初は運用管理やコスト面のメリットは認めつつ、機密情報などを含む業務データを社外に置くことに難色を示す企業が多かった。このため公開用のWebサーバーにはクラウドサービスを利用しても、業務メールをやりとりするメールサーバーは自社で運用するといったケースが少なくなかった。前者は外部公開を前提としたデータだけを扱うが、後者は業務機密なども含まれるというのが使い分けの理由だった。だが、現在ではクラウドサービスの信頼性が向上し、業務で必要なサービスでもクラウドサービスを使うようになっている。その代表例が米マイクロソフトの「マイクロソフト365(Microsoft 365)」である。メールやビデオ会議、ワープロや表計算（ワードやエクセル）のような業務アプリケーションを網羅したサービスで、世界中の多くの企業の業務に使われている。

クラウドサービスのサーバーは堅牢なデータセンターに置かれ、事業者による管理や監視も充実している。現在では一般の企業のオフィス内に置くよりも、クラウドサービスに業務データを置くほうがセキュリティーレベルは高いと考えるのが一般的になっている。クラウドサービスの利用拡大に伴うクラウドシフトにより、これまで社内ネットワークで守っていたデータの多くが社外に出ることになった。これにより、境界防御の前提の1つが崩れた。

従来は社内ネットワークにデータやアプリケーションのほとんどがあり、業務上の通信は社内ネットワークでほぼ完結していた。インターネットへの接続はあくまでも補足的な通信だった。ところがクラウドサービスの利用が進み、業務の通信もインターネット経由が主になりつつある。これによりインターネット接続回線やファイアウオールなどの負荷が高まり、ボトルネックになっている（図1−11）。境界防御のための機器が、業務の足かせになる状況が起きているのだ。

リモートワークの普及で利用者も社外に

データだけではない。在宅勤務などのリモートワークを推進する働き方改革により、組織

図1-11　クラウドサービスの普及でインターネットアクセスが増大

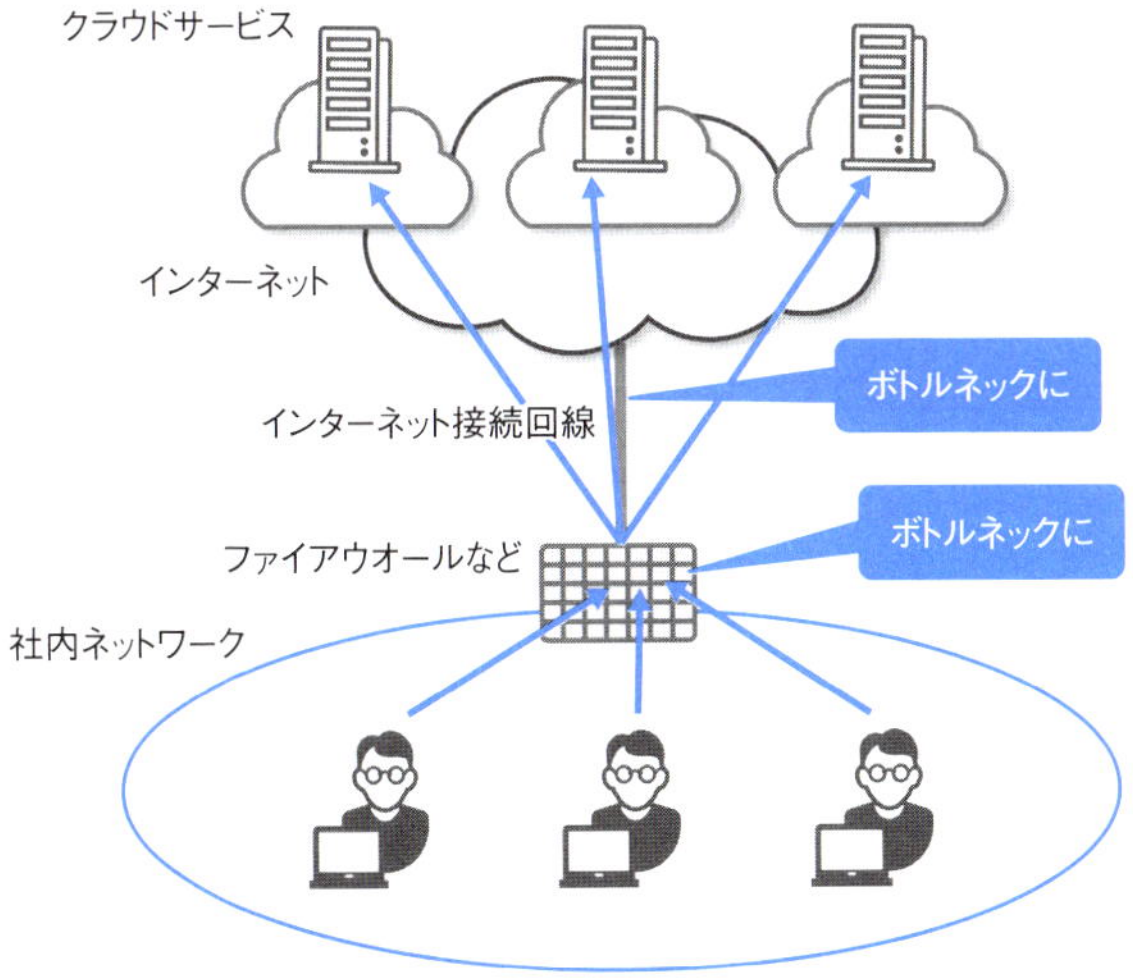

の従業員などの利用者も社外に出る機会が増えていった。リモートワークではオフィスという場所にとらわれず、自宅や出先で仕事ができるようになる。とはいえ、つい最近までは掛け声ばかりで、リモートワークを実践しているのは一部の先進企業、しかもそのごく一部の従業員だけという状況だった。これを大きく変えたのは2020年に始まった新型コロナウイルス感染症の世界的な流行、いわゆるコロナ禍である。政府の方針で不要不急の外出禁止や通勤、出社の自粛・削減が要請される中、これまで「できればやる」程度の取り組みだったリモートワークが「やらなければならない」取り組みに変わったのだ。これと同時に利用者を社内ネットワークに「閉じ込める」という、境界防御のもう1つの前提も崩れたのだ。

コロナ禍の状況では境界防御を維持したままリモートワークに対応するために、従業員などリモートワークの利用者それぞれが自宅などからVPNを使って社内ネットワークに接続するという方法を暫定的に採用した企業や組織が多かった。だがこの使い方では様々な問題が生じる。VPNはあくまでも境界防御を補完する仕組みであり、少数の利用者や機器が使う例外的なアクセス手段と通常は位置付けられているからだ。

大きな企業などの組織でVPNの利用者を従業員全体に拡大すると最初に起こる問題はVPN製品がボトルネックになることだ（図1-12）。この問題に対処するためにはVPN製品を増強するなどコストが必要になる。通常は同時にアクセスできる利用者数でライセンス料金や必要な製品のスペックが決まるからだ。同時に多数の利用者がVPNでアクセスできるようにするには、多数のライセンスを購入し、ハイスペックの製品を導入する必要がある。

クラウドシフトとリモートワークの両方に対応しようとするとさらに厄介になる。社外にいる利用者は社内ネットワークにまずVPNで接続し、そこからファイアウォールなどを経由して社外のクラウドサービスにアクセスすることになるからだ。この方式は利用者の通信が社内ネットワークを必ず通るので、利用者が社内にいるときと同じように企業や組織、その管理者が通信を一元管理できる利点はある。例えば、危険な通信をファイアウォールで遮断したり、Webアクセスの通信を中継するプロキシー（代理応答）サーバーなどでアクセス制限をかけたりするといった管理が可能になる。利用者がどのサーバーやクラウドサービスを使ったか、どんなWebサイトを閲覧したかといったアクセスログも取得できる。

図1-12　VPN経由でクラウドサービスにアクセス

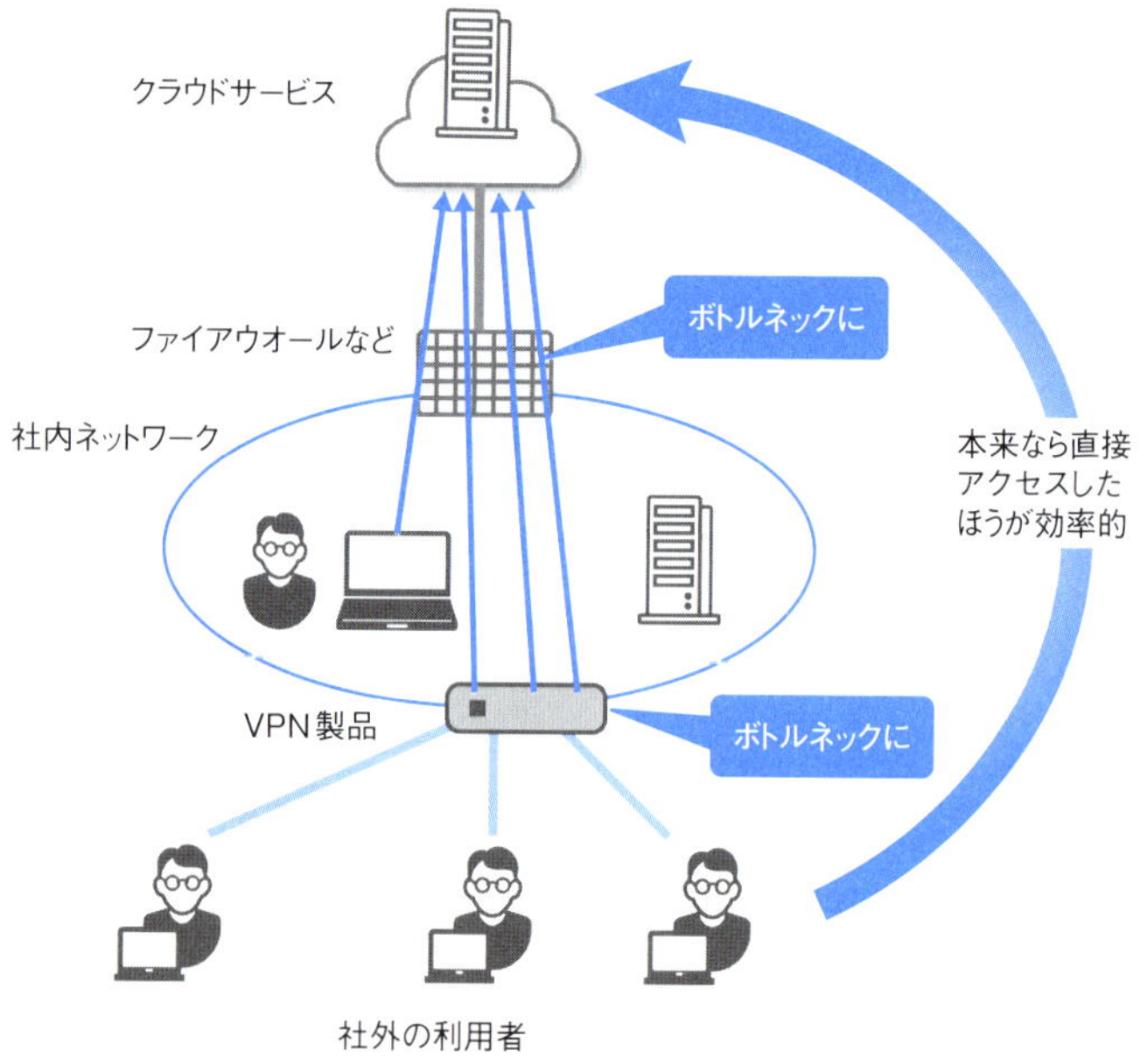

一方で、この方式はネットワーク運用の観点からはとても非効率だ。リモートワークで社外にある利用者の機器（端末）は本来、直接クラウドサービスにアクセスできる。これをせず、わざわざ社内ネットワークを一度経由する形になるからだ。このためVPNとファイアウオールの両方がボトルネックとなり、十分な能力を持たせないと、通信速度の低下や接続できないといったトラブルが起こりやすくなる。

侵入を許すともう守れない

境界防御の限界はセキュリティー面でも表面化している。サイバー攻撃などの脅威が高度化し、境界で侵入を防ぐという境界防御では防ぎきれなくなっているからだ。

境界防御の一番の弱点は、境界を突破されるとほぼ無力になってしまう点である。前述のように、境界防御では社内ネットワークの中にいる利用者や端末は信頼できることになっている。このため社内ネットワークへの侵入に成功した攻撃者は「信頼された利用者」として好き放題に行動できてしまうのだ（**図1-13**）。侵入に成功した攻撃者が社内ネットワーク

図1-13　侵入した攻撃者は社内を自由に動ける

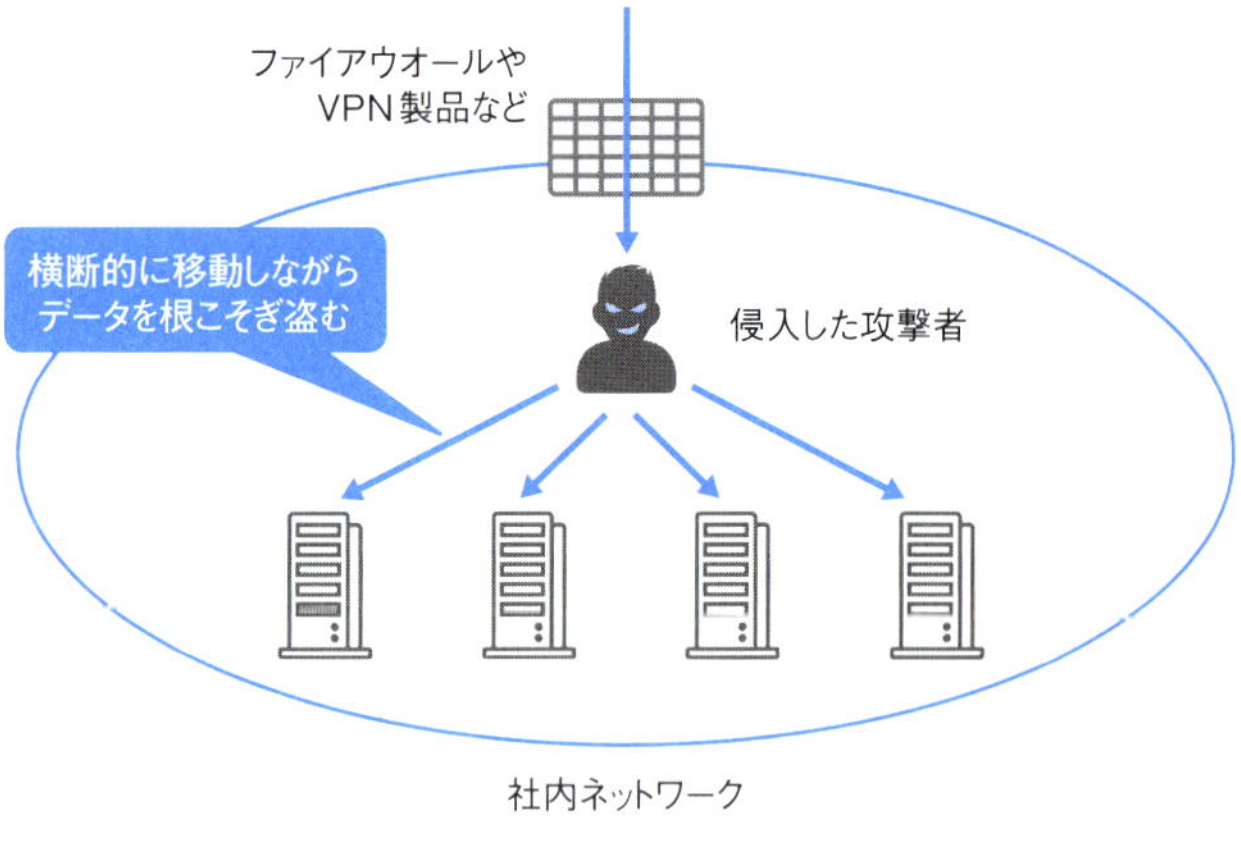

を横断的に荒らし回ることは「ラテラルムーブメント（横方向への移動）」と呼ばれる。攻撃者が境界を突破する方法はいくつもある。そもそも境界防御では境界に設置された機器を通じて社内ネットワークとインターネットが接している。まず考えられるのは、ファイアウォールやVPN製品といった境界に設置された機器の脆弱性を突いたり、VPNを利用できる正規の利用者になりすましたりして突破する方法である（図1-14）。

もう1つよく使われるのが、従業員へのメールやWebアクセスを使って社内ネットワークにマルウエアを送り込む方法である。マルウエアを使う方法では社内のコンピューターに侵入したマルウエアから外部にいる攻撃者に対して通信経路を開き、攻撃者が侵入する経路を確立する。ファイアウォールなどは外部（インターネット）から社内ネットワークへの通信については厳しく制限・管理するが、社内から外部への通信、例えばWebページの閲覧などは制限を緩める場合が多い。そのため、こうした方式でマルウエアに通信経路を開かれると、侵入されたこと自体に気付きにくい。

なお、脆弱性とはセキュリティー上の弱点あるいは欠陥を指す。マルウエアとは悪質なプ

図1-14　脆弱性やマルウエアを悪用

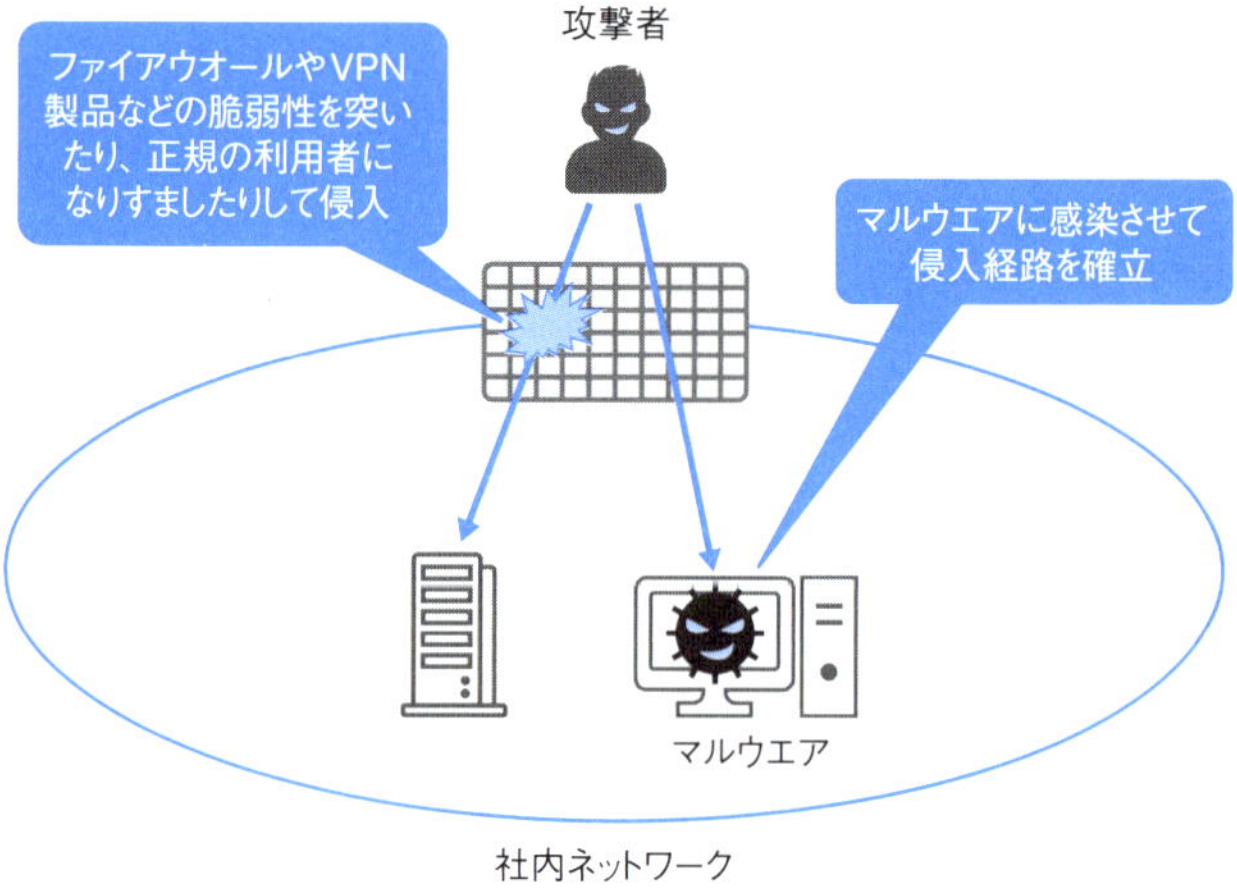

ログラムの総称である。コンピューターウイルスあるいはウイルスなどとも呼ばれる。ただ、ウイルスは自分自身を別のプログラムに埋め込むマルウエアのみを指す場合があり、また疾病の原因となる生物的なウイルスと混同する恐れもある。そこで本書ではマルウエアと呼ぶ。

防御困難なサイバー攻撃「APT攻撃」

境界を突破されて不正に侵入されるリスクは以前から存在する。だがそのリスクは年々増加している。攻撃手法が洗練されているためだ。

2000年ごろまでは、サイバー攻撃の多くは好奇心旺盛なクラッカー（ハッカー）によるものが多かったとされる。スクリプトキディなどとも呼ばれた。インターネットで公開されている、既知の脆弱性を突くプログラムや既知のマルウエアあるいはその亜種（変種）を使って侵入を試みる。この程度の攻撃でも当時は、防御が手薄な組織が被害に遭っていた。だがその一方で対策をきちんと実施している組織は被害を免れるケースが多かった。ところがその後、金銭的価値が高いデータの取得を目的とした犯罪者グループが参入し、サイバー

2010 APT

攻撃は金もうけの手段となった。このころから攻撃と防御はいたちごっこの様相を呈してきたものの、それでもなお、適切な対策を施していればある程度は防げた。

状況が大きく変わったのは２０１０年ごろである。この頃になると通常の対策では防ぎきれないサイバー攻撃が出現した。「ＡＰＴ（アドバンスト・パーシステント・スレット）攻撃」である。日本語では「高度標的型攻撃」や「持続的標的型攻撃」などと呼ばれる。標的型攻撃とは特定の組織を狙ったサイバー攻撃を意味する。ＡＰＴ攻撃は標的型攻撃の中でも高度かつ執拗な攻撃を指し、金銭や機密情報の取得など明確な目的を持って個別の企業や組織に狙いを定める。標的とした組織に合わせた様々な攻撃を組み合わせ、成功するまで執拗に攻撃を仕掛けてネットワークへの侵入を図る。

例えば、いかにもその組織の従業員がだまされそうな内容のマルウエア添付ファイルを送信する（**図1－15**）。あるいは偽のメールを送ってマルウエアに感染させるＷｅｂサイトに誘導する。ファイアウオールなどの脆弱性を突いて侵入を試みる場合もある。しかも、攻撃に使用するマルウエアはその攻撃のために新しく作成する。企業や組織が通常は準備している

図1-15　特定の組織を執拗に狙うAPT攻撃

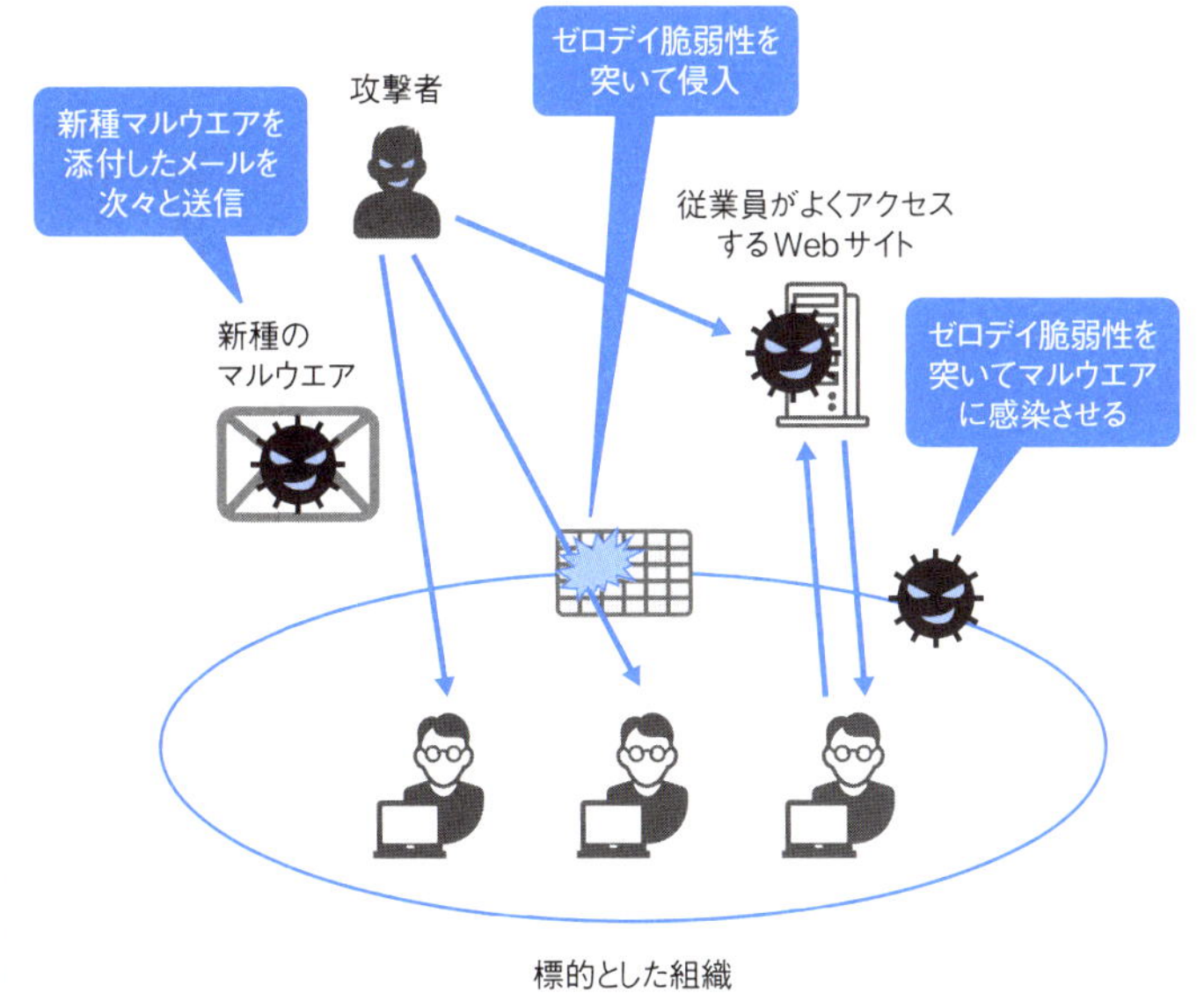

ＵＴＭやセキュリティーソフトなどに検知されないようにするためだ。既存のマルウエアを使い回す場合に比べて当然コストがかかる。

攻撃で悪用する脆弱性にもコストをかける。修正プログラム（セキュリティーパッチ）が提供されていない脆弱性を悪用するのだ。そのような脆弱性は「ゼロデイ脆弱性」と呼ばれ、これを悪用する攻撃はゼロデイ攻撃と呼ばれる。ゼロデイ脆弱性はアンダーグラウンドの市場において高値で取引されている。攻撃者自身が脆弱性を見つけて使うこともあるが、今ではほとんどが購入されているようだ。ゼロデイ攻撃では修正プログラムが存在しないため、「修正プログラムが公開されたら必ず適用する」といったこれまでのセキュリティー対策が通用しない。

組織の誰か１人をだませば侵入できる

このように、ＡＰＴ攻撃では新種のマルウエアやゼロデイ脆弱性を使って特定の組織に対して継続的に攻撃を仕掛ける。そして従業員の誰か１人でもマルウエアに感染してしまうと、社内ネットワークに侵入され、ラテラルムーブメントにより大きな被害に遭う。いくら守りを固めても、従来の境界防御では到底守れないのだ。誰か1人がマルウエアに感染した場合でも社内ネットワークを侵害されないようにするためには、アクセス元が社内であっても信頼せず、利用のたびに利用者や端末を厳格にチェックする必要がある。これがゼロトラストの基本的な考え方になる。

APT攻撃という用語は2006年に米国空軍が使い始めたとされる。だがAPT攻撃という用語が使われる前の2005年の時点で、英国のNISCC（国家インフラセキュリティー調整センター、2007年に国家インフラ保護センター（CPNI）に統合）や米国のUS-CERT（ユーエス・サート）といったセキュリティー組織が、高度な標的型攻撃について警告を始めていた。

APT攻撃が広く知られるようになったのは2010年に明らかになった「オーロラ作戦」以降である。中国の攻撃グループが実施したとされるこの大規模なAPT攻撃は、少なくとも20社の大企業を標的にしたとされる。オーロラ作戦では、ウィンドウズ標準の

Webブラウザー「インターネットエクスプローラー（IE）」のゼロデイ脆弱性が悪用された。当時はIEの利用者が多く、そのゼロデイ脆弱性はアンダーグラウンドの市場で高値を付けて取引されていたと考えられる。このことからも、オーロラ作戦が単なるイタズラや遊びではなく、攻撃者がコストをかけ、何らかの意図を持って仕掛けた攻撃であることがうかがえる。

ゼロトラストは「構想10年」以上

オーロラ作戦で攻撃を受けた企業の1つである米グーグルは2010年1月12日にその被害を最初に公表した。報道などによれば、人権活動家のGメールアカウントにアクセスすることが目的の1つだったとされる。同日、米アドビシステムズ（現アドビ）もこの攻撃に関して調査していることを公表した。当時米国務長官だったヒラリー・クリントン氏も攻撃を非難する声明を発表した。

以上のように、企業システムのクラウドシフトとリモートワークの普及などの働き方改革、およびサイバー攻撃の高度化によって境界防御は限界を迎えていた。境界防御に代わるセキュリティー手法として2020年ごろから一気に注目を集め始めたのがゼロトラストである。

ただし、ゼロトラストという言葉が使われる前から、境界に頼らない守り方は提唱されていた。例えば2004年に結成された識者や企業などからなる団体「ジェリコ・フォーラム（Jeriko Forum）」は「非境界型の防御」を普及させようとした。ジェリコ・フォーラムでは非境界型防御の実現に必要なフレームワークなどが話し合われ、設計の考え方や技術的な仕様を定義したホワイトペーパーなどを策定して公表（図1－16）。2013年10月に解散している。2010年には米国の調査会社フォレスター・リサーチも非境界型防御を提唱した。「ゼロトラストネットワーク」という言葉が使われたとのはこのときが初めてとされる。ただ、この時点では具体的な実装例はなかった。

図1-16 「ジェリコ・フォーラム」が公表した論文

JERICHO

Jericho Forum

Visioning White Paper
What is Jericho Forum?
February 2005

This White Paper was prepared by Nick Bleech of KPMG with contributions from the Meta-Architecture Working Group of the Jericho Forum (Gary Yelland of Airbus, Steve Purser of Clearstream, Steve Greenham of GSK, Shane Tully of Qantas, John Walsh of ING and David Gracey of Rolls-Royce) and additional contributions from Paul Dorey of BP, Andrew Yeomans of Dresdner Kleinwort Wasserstein, Adrian Seccombe of Eli Lilly, Ian Dobson of The Open Group and David Lacey of Royal Mail.

Additional dialogue with representatives of the following organisations is also gratefully acknowledged: BT plc, nCipher Corporation Ltd., University of Kent, University of Auckland, New Zealand Police, Australian Government Information Management Office, Netsafe, KPMG (UK) LLP, Information Security Forum, and International Information Integrity Institute (I-4).

Any brand, company and product names are used for identification purposes only and may be trademarks that are the sole property of their respective owners.

The views expressed in this document are not necessarily those of any particular contributor or member of the Jericho Forum, nor of the organisations to which they are affiliated.

© Jericho Forum 2005

出所：ジェリコ・フォーラム

全面導入第1弾は天下のグーグル

絵に描いた餅だったゼロトラストを最初に実装したのは米グーグルだ。きっかけは前述のオーロラ作戦である。

オーロラ作戦による被害を受けたグーグルは、高度なサイバー攻撃に対しては境界防御では不十分と判断。セキュリティーを全面的に見直し、およそ8年がかりでゼロトラストの考え方で社内ネットワークを設計し直して再構築した「ビヨンドコープ」を稼働させた。前述の通り、同社は2014年以降、この取り組みを論文にまとめて公表した。

この論文の公表以降、グーグルのビヨンドコープでの取り組みやゼロトラストは広く知られるようになり、ゼロトラスト構築を支援する製品やサービスをセキュリティー企業などが少しずつ市場に出し始めた。2015年になると、セキュリティーベンダー各社はゼロトラストに一気に積極的になり、ゼロトラストをうたう製品やサービスを売り込み始めた。具体的には、ID管理やアクセス制御、ログ管理、エンドポイントセキュリティーなどが挙げられる。2020年、コロナ禍でリモートワークが多くの企業で必須となり、ゼロトラストはすべての企業が導入を検討すべき課題となった。

クラウドの普及で導入が容易に

多くの企業でゼロトラストを導入可能になった一番の理由はクラウドサービスの信頼性および性能の向上である。以前は業務アプリケーションや重要なデータをクラウドサービスに置くこと自体が考えられなかった。クラウドサービスはインターネットから誰でもアクセスできるため、不正アクセスへの懸念を感じる利用者や経営者が多く、心理的なハードルが高かった。

それでもクラウドサービスの利用が徐々に進んだのは、経済性や利便性で利点が多かったからだ。そうして利用が進むにつれて、多くの場合、オンプレミスよりもクラウドのほうがむしろセキュリティーレベルは高いとの認識が企業の管理者や経営者に広まった。現在では多くの企業が当たり前のように、業務に関わる多くの機能をクラウドサービスで利用している。メールやオフィスアプリケーション、顧客管理システムなど多岐にわたる。

セキュリティー機能を提供するクラウドサービスも増えている。以前は社内ネットワークに置かれたサーバーが実現していたID管理や端末管理、アクセス制御を実現するプロキシー、外部からの攻撃を防ぐファイアウオールといった機能はクラウドサービスでも提供されている。つまり、セキュリティー機能を提供する各種のクラウドサービスを適切に組み合わせて利用すれば、社内ネットワークに接続しなくても機器やデータ、利用者を守る環境を整えられる。インターネットに接続さえすれば利用できるクラウドサービスは、境界による防御を当てにしないゼロトラストに適している。

クラウドサービスの性能が向上したことも大きい。境界防御では境界の中は信頼できるので、例えば社内の利用者が社内のサーバーを利用する際には検証しないことが多い。だが利用者や機器の場所を信頼しないゼロトラストでは、利用のたびに利用者や機器の真正性やアクセス権限を検証して、適切な権限を付与する必要がある。すなわちリアルタイムでの認証および認可が必要になる（図1-17）。また、サイバー攻撃に対する監視も不可欠になる。

図1-17　ゼロトラストはリアルタイムの検証が不可欠

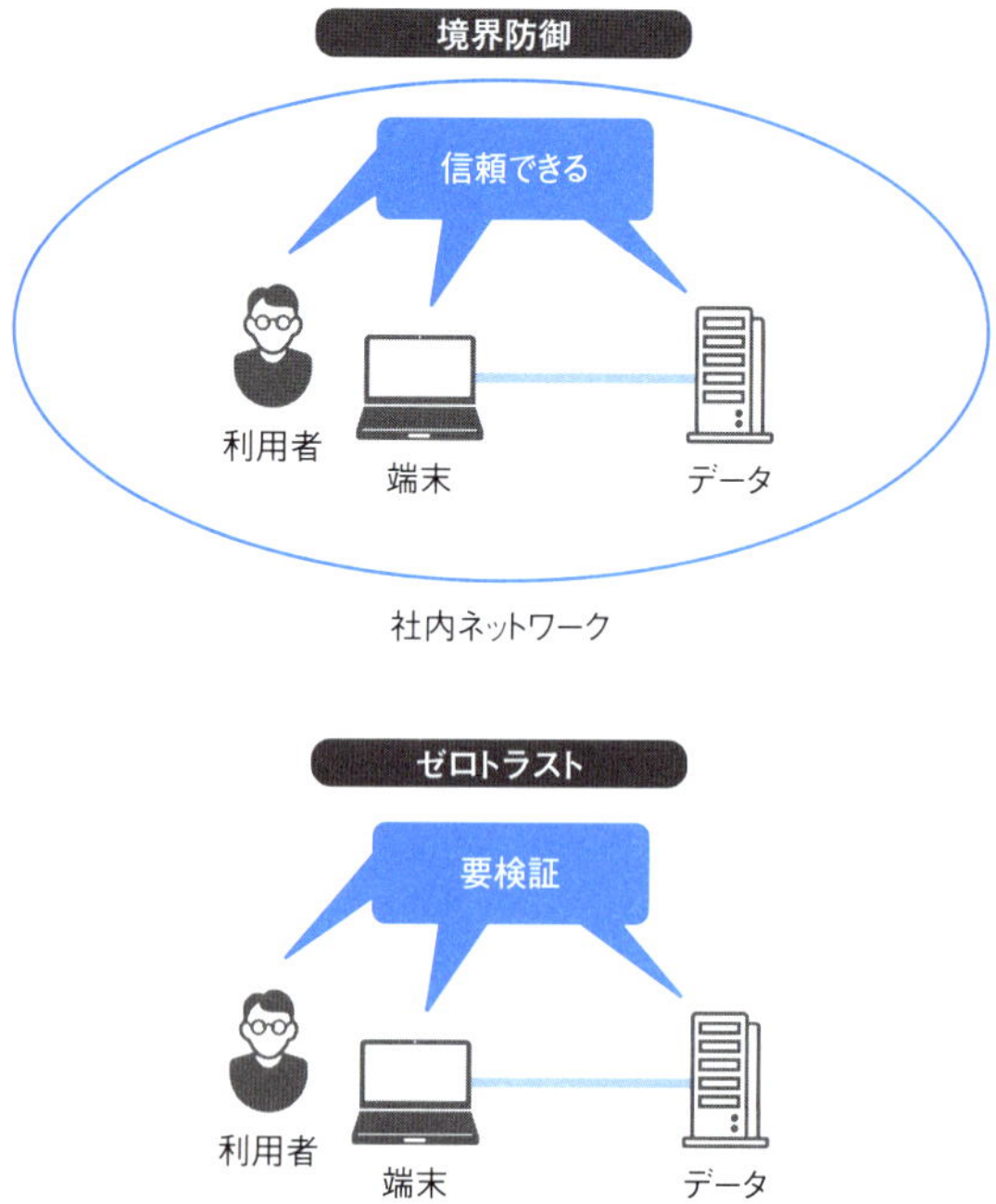

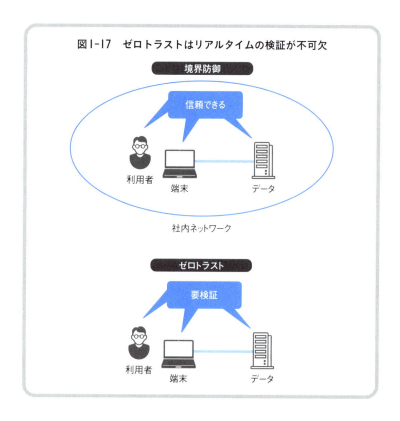

境界がないためサーバーや利用者の端末などすべてのリソースがインターネットにさらされることになるからだ。不正アクセスを受けることを前提に、システム全体を監視して異変に気付ける体制作りが不可欠になる。

繰り返しになるが、ゼロトラストは境界防御と同様のセキュリティー体制を構築する考え方である。境界防御は、ファイアウオールやプロキシー機器、利用者管理や利用者認証、機器管理を担う社内サーバー群、VPN製品などを組み合わせて実現する。「これさえ導入すれば境界防御を実現できる」といった「境界防御製品」なるものが存在しないのと同様にゼロトラストも「これさえ導入すればゼロトラストを実現できる」といった「ゼロトラスト製品」は存在しない。組織のニーズや状況に合わせて、複数のクラウドサービスや製品を組み合わせて構築する必要がある。

まとめ

1 ゼロトラストは「何も信頼しない」というセキュリティーの考え方である。社内ネットワークの中は信頼できるとする境界防御に限界が見えてきたために新たに考え出された。

2 境界防御が限界に達した理由は2つ。1つは、今まで社内ネットワーク内に収めていた利用者や端末、サーバーなどの機器およびデータがいずれも社外に出て行ったことだ。利用者は働き方改革によるリモートワークの普及で社外に飛び出し、サーバーなどの機器やそれに収められたデータは、システム運用コストの削減や利便性の観点で企業システム自体がクラウドシフトした結果、外部化した。

3 境界防御が限界に達したもう1つの理由はサイバー攻撃の高度化である。2010年以降、特定の組織を狙った高度な標的型攻撃であるAPT攻撃が出現した。APT攻撃ではゼロデイ攻撃やオーダーメードのマルウエアなどが使われるため、守り切ること自体が困難になった。そして一度APT攻撃で境界防御の内部に侵入を許すと、社内ネットワーク全体が被害を受けてしまう。これを防ぐには、社内ネットワークを安全圏と見なさず、社内からのアクセスでも信頼しないゼロトラストという考え方が不可欠になった。

4 ゼロトラストの考え方自体は2000年代前半から提唱されていたが、実装例や製品・サービスがなかった時代が続き、実現は難しかった。この状況を変えたのは米グーグルが自社向けに構築し、技術的な詳細を論文として公開したゼロトラスト「ビヨンドコープ」である。グーグルによる論文の公表後、セキュリティーベンダー各社もゼロトラストに利用できる製品・サービスを市場に積極的に提供し始めて導入のハードルが下がり、国内外で導入事例が増えている。

5 ゼロトラストではアクセス元を疑うのが前提なので、利用者や端末の認証が重要になる。また境界という守りが存在しない分、ネットワーク全体の監視など、境界防御では徹底されていなかった対策の導入が必須になる。セキュリティーの根本的な考え方を変えるだけでなく、セキュリティーレベルを高めることが不可欠になる。

第2章

ゼロトラストを実現する技術

境界防御からの移行は簡単じゃない

前章でゼロトラストの概要を解説した。なぜゼロトラストが登場し、注目を浴びているのか。企業や組織を取り巻く環境の変化と、それによって従来の境界防御が限界を迎えている現状。ゼロトラストがその解決策として登場した背景が理解いただけたはずだ。

ゼロトラストへの移行の必要性が分かったことで、一刻も早く自組織のセキュリティー体制を境界防御からゼロトラストに切り替えたいとの考える向きも多いはずだ。そこでこの章ではゼロトラストの実現に必要なセキュリティー上の機能と、境界防御における同様の機能の役割や位置付けの違いについて整理して解説していこう。

実は境界防御からゼロトラストに移行するのは容易ではない。前章で説明した通り、ゼロトラストは境界での守りに頼らない。別の言い方をすると境界の守りがなくなり、利用者や端末、業務アプリケーション、サーバーなどがいわば「丸裸」になる。このため、境界防御が実現していたセキュリティー機能を別の形で実現する必要が出てくるからだ（**図2－1**）。

図2-1　境界防御が提供するセキュリティー機能

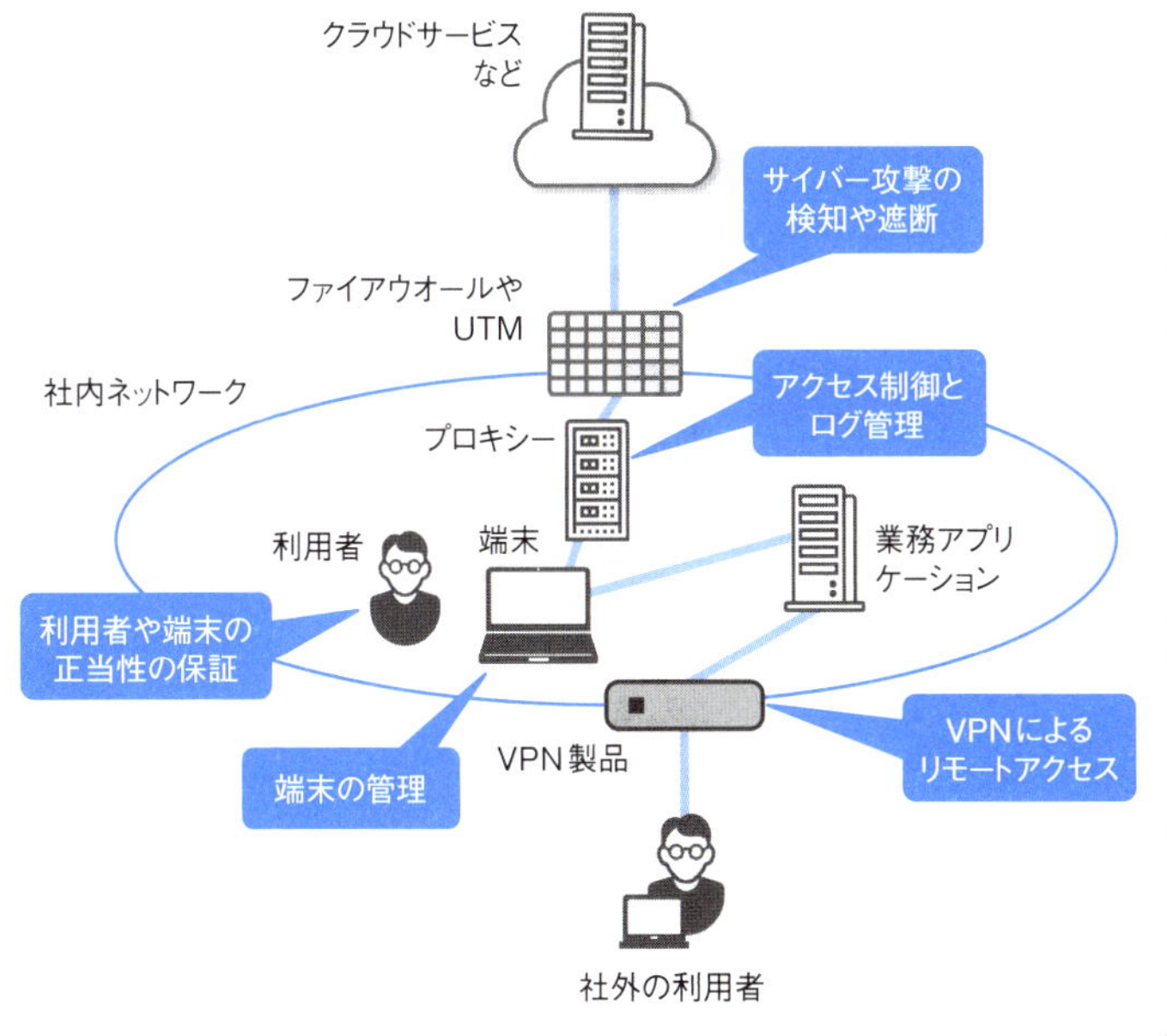

境界防御では境界を守る機器やサービスが一元的に提供していたセキュリティーの機能を、端末やサーバー、業務アプリケーションのそれぞれが備える必要がある。そのためこれまでであれば強度の高いセキュリティーが要求される組織や一部の部署のみで必要だったような高度なセキュリティーの機能を全体に装備するケースもある。当然費用はかかるし、全体の設計を適切に行う必要もある。セキュリティー運用ポリシーの再検討も必要だろう。ゼロトラストへの移行が一筋縄ではいかないのはこうした理由からだ。

実現に必要な機能をリストアップ

まずはゼロトラストに求められるセキュリティー機能を考えてみる（図2−2）。なお前章でも繰り返し書いているように、ゼロトラストは考え方であり、実現方法は様々である。従来の境界防御の実現方法が組織によって異なるのと同じだ。また、あらかじめ念を押しておくが、この章で挙げる機能のすべてを備えなくてもゼロトラストは実現できる。組織の特性や要求に合わせて取捨選択して組み合わせることになる。

図2-2　ゼロトラストで必要となるセキュリティー機能

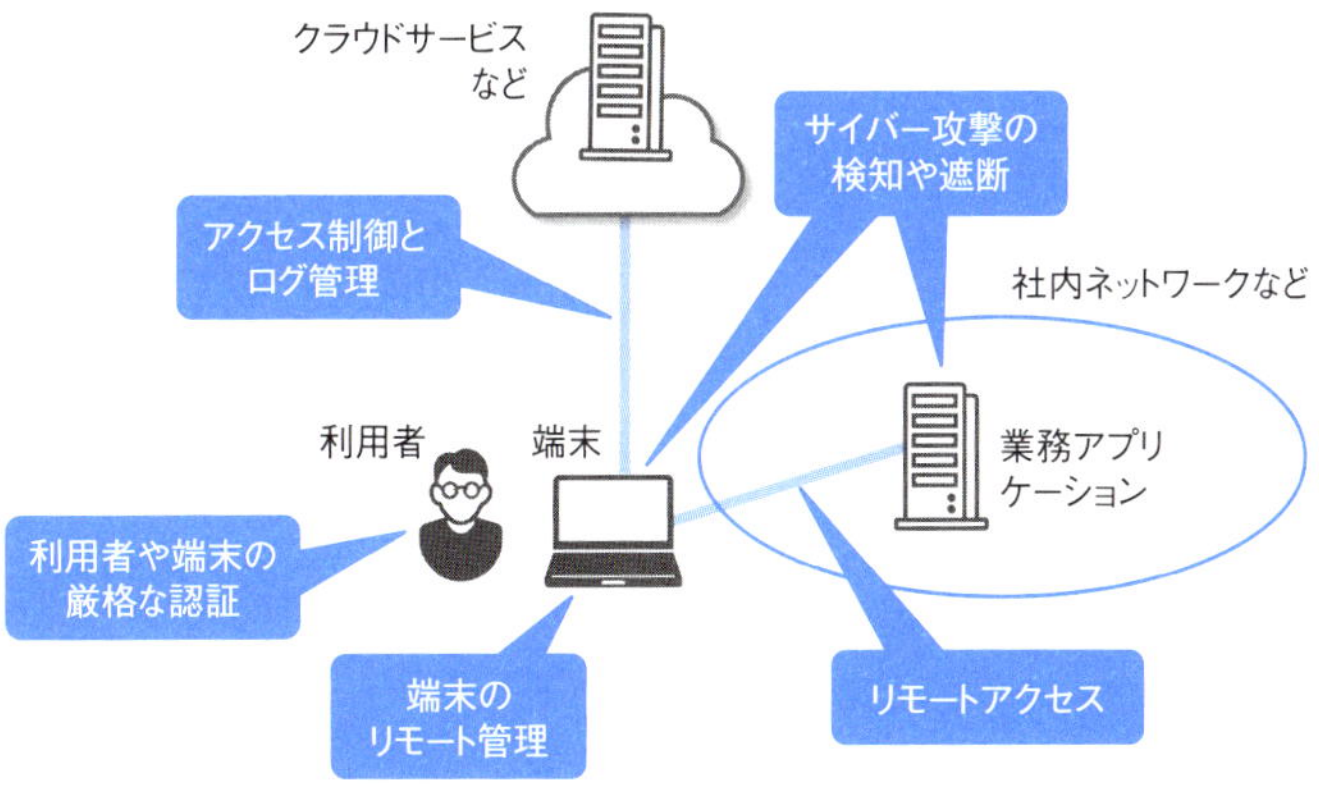

では具体的に説明していこう。まずは利用者や端末の認証機能だ。従来の境界防御では、社内ネットワークの内部、あるいはVPN経由で外からアクセスする利用者や端末は安全と見なしてよかった。しかしゼロトラストでは、アクセスしている利用者や端末が正当なものかどうかを、業務アプリケーションやサーバーが厳格に確認する必要がある。

社外から社内の業務アプリケーションにアクセスする際にはVPNに代わる仕組みも必要となる。システム管理者が個々の端末を管理する仕組みも重要だ。今までは社内ネットワークに接続されていたために管理が容易、あるいは不要だったが、すべての端末が物理的な束縛から解放される。それらを遠隔から管理しなければならなくなる。

境界防御のプロキシーサーバーが担っていた端末管理の機能の代替も考える必要がある。境界防御のネットワークでは、社内からのインターネットアクセスをプロキシーサーバーで一元管理することが多い。これにより、アクセス制御や利用状況の管理などをプロキシーサーバーだけで実現できていた。例えば、URLフィルタリング製品とプロキシーサーバーを連携させれば不正なWebサイトへのアクセスを未然に防げた。組織が許可していないクラウドサービスの利用制限も容易だった。インターネットやクラウドへのアクセス状況もプロキシーサーバーのログを調べれば一目瞭然だ。だが、ゼロトラストではそれぞれの端末が様々な場所からインターネット上のWebサイトやクラウドサービスにアクセスする。これらを管理する仕組みが別途必要になる。

ゼロトラストではファイアウオールやUTM（統合脅威管理）による守りもなくなる。このためすべての機器が攻撃にさらされる。境界防御のときとは比べものにならないほどのセキュリティー対策が必要になる。その1つが不正アクセスを検出する体制の強化である。具体的にはログ監視が挙げられる。業務アプリケーションや機器、端末などのログを集約して異変が生じていないかを調べる。意図しないデータが外部に流出していないか、データが盗まれていないかなどの監視も必要だ。

端末の守りも固める必要がある。端末は「エンドポイント」とも呼ばれ、端末のセキュリティー対策はエンドポイントセキュリティーと呼ばれる。エンドポイントセキュリティーとしては、マルウエア（コンピューターウイルス）を検知・駆除するウイルス対策ソフトや、不正な侵入を防ぐパーソナルファイアウォールなどが一般的である。これらは境界防御の体制でも使われていたがゼロトラストでは、従来のエンドポイントセキュリティーでは不十分だ。従来のエンドポイントセキュリティーは、別途ファイアウォールやＵＴＭの守りがあるのを前提にしているからだ。ファイアウォールやＵＴＭがないゼロトラストでは、より強固かつインテリジェントなエンドポイントセキュリティーが必要になる。

以上のように、ゼロトラストでは境界という制約がなくなり利便性や可用性が高まる一方で、境界が提供していた守りが失われる。そのため、あらゆる局面でセキュリティーレベルを高める施策が重要になる。

ただし、このような「ゼロトラストで求められるセキュリティー機能」の１つひとつは、実のところ新しいものではない。既に提供されていて、高いセキュリティーレベルが要求される組織やセキュリティー意識の高い組織では導入済みの機能や製品・サービスがほとんどである。境界防御からゼロトラストに移行すると一般の企業や組織であっても、意識の高い組織と同等の機能や製品・サービスを組み合わせて使わなければならなくなると理解すべきなのだ。利便性や可用性を高め、かつセキュリティーも強化するためには当然の「代償」と考えるべきだろう。

以下、ゼロトラストで求められるセキュリティー機能をさらに詳しくに見ていこう。

多要素認証（MFA）が必須な理由

境界防御とゼロトラストの一番の違いは、境界内という安全地帯の有無である。社内ネットワークに置かれた業務アプリケーションの立場で考えてみよう。境界防御で守られた社内ネットワークにある端末からのアクセスであれば、無条件で信頼できるとしてアクセスを受け入れられる。境界内の端末が安全と見なせるのは、境界内に入るという利用者および端末の認証をクリアしていると考えられるからだ。もちろん、利用者の識別つまり認可のために利用者認証は必要だが、ＩＤとパスワードで十分とされることがほとんどだ。

ところがゼロトラストではそうはいかない。疑ってかかる必要がある。そのためにはＩＤ

とパスワードだけの利用者認証では不十分で、多要素認証（ＭＦＡ）が必須となる。多要素認証（ＭＦＡ）とは、複数の異なる認証要素（認証方法）を組み合わせて正規の利用者かどうかを精度高く確認する方式である。認証要素は大きく「知識」「所持」「生体」の３種類に分類される（**図2-3**）。このうちの２種類以上を組み合わせ、同時にパスできるかを確認して認証の精度を高める。

最も広く使われている認証要素であるＩＤとパスワードは、知識の認証要素に該当する。知識の認証要素とは正規の利用者本人だけが知っている情報だからだ。つまり、ＩＤとパスワードに、「所持」もしくは「生体」の認証要素を加えて運用すれば、多要素認証（ＭＦＡ）の要件を満たす。

所持の認証要素は、正規の利用者本人だけが所持しているモノに関する情報だ。パソコンのＵＳＢポートに挿して使うセキュリティーキーやＩＣカード、本人が所有するスマートフォン、タブレット端末などが該当する。あらかじめ登録した電話番号宛てにＳＭＳ（ショート・メッセージ・サービス）で、１度だけ使える数字といったワンタイムパスワードを送

図2-3　認証要素として使われる3種類

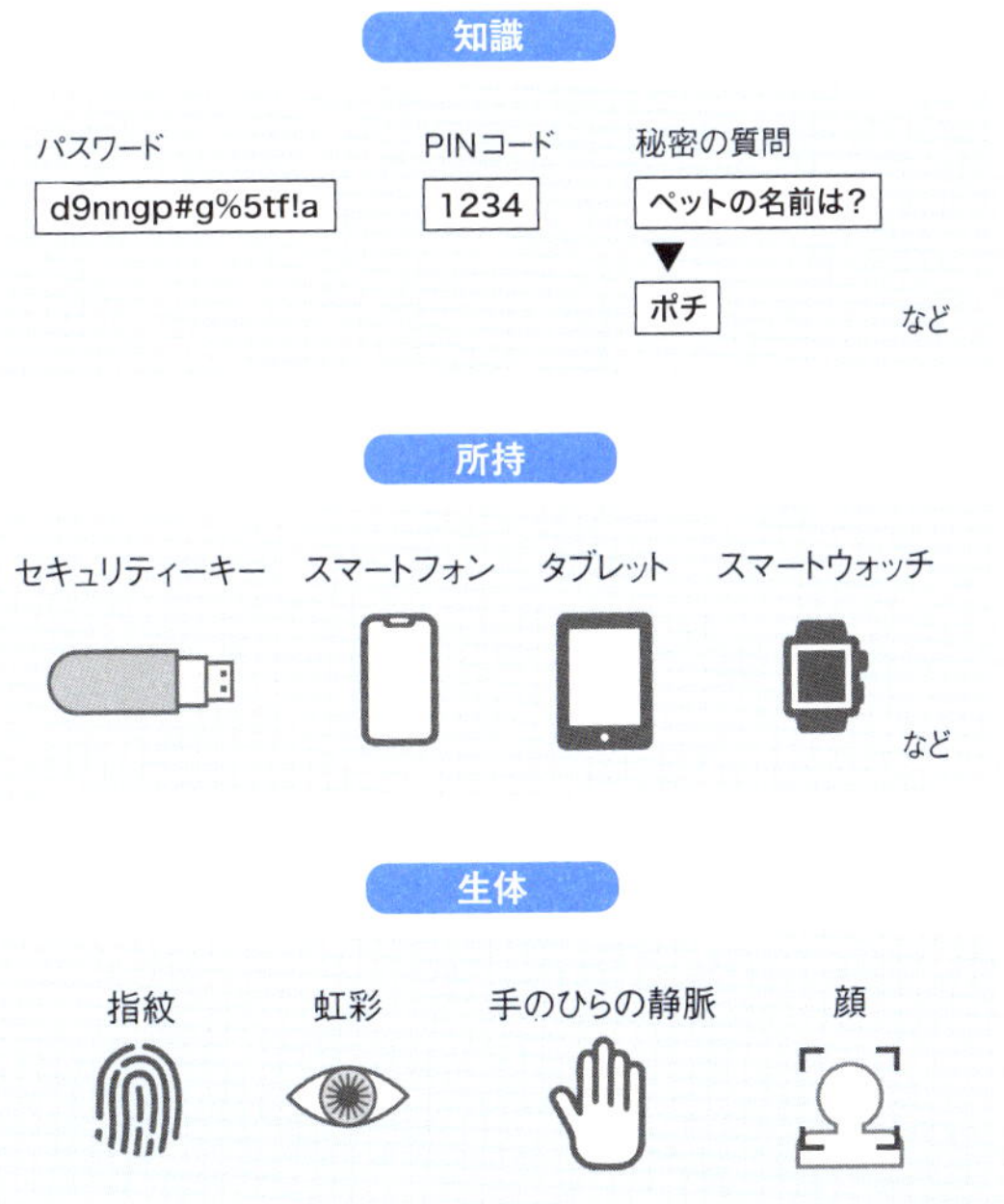

る方式も所持の認証要素になる。ワンタイムパスワードを受け取れるのは、所有者が事前に登録した電話番号の端末だけだからだ。

生体の認証要素は利用者の身体的な特徴である。指紋や目の虹彩、手のひらの静脈、顔などが該当する。そのほか筆跡やキーストロークといった利用者固有のくせを認証要素にする場合もある。

リスクベース認証でさらに安全に

多要素認証（ＭＦＡ）だけでなくリスクベース認証の導入も検討すべきだ。リスクベース認証は利用者や端末の状況から認証の基準や方法を動的に変更する方式だ。利用者のアクセス場所や端末の状態といったコンテキスト（状況）を調べ、不審な振る舞いなどが見られる場合には認証を拒否したり認証要素を増やしたりする。コンテキストベース認証などとも呼ばれる。例えば、同一のＩＤにもかかわらず、短時間に異なる国や地域からアクセスがあった場合には第三者によるアクセスの可能性が高い。国家間を移動するのは簡単ではないからだ。リスクベース認証を導入している場合は、通常のパスワード入力に加えて、こうしたアクセスを検知したときは、指紋認証やSMS認証を追加で要求するといったやり方を取る。

コンテキストによって付与する権限を変える場合もあり得る。同じ利用者および端末であっても、例えば修正プログラム（セキュリティーパッチ）の適用が遅れるなどして端末のセキュリティー対策が不十分と見なされる場合は、アクセスできる業務アプリケーションを制限するといった運用を行う。一般的に境界防御では利用者に応じてアクセス可能な権限を設定するが、ゼロトラストではあらかじめ決めたルール（ポリシー）に照らし合わせてアクセス権限をその都度変更することも多い。

多要素認証（MFA）もリスクベース認証も以前から存在する技術だが、金融機関など高いセキュリティーレベルが要求されるごく一部の組織やシステムでしかほとんど使われてこなかった。だがゼロトラストでは一般の組織でもこれらの導入を検討する必要がある。特に多要素認証（MFA）は必須と言える。「何も信頼しない」ためには、少なくともこれくらいは慎重になる必要があるからだ。

「関所」はクラウドサービスで実現

一方で、企業や組織が求める多要素認証（MFA）やリスクベース認証を、個別のクラウドサービス1つひとつに個別に実装するのは容易ではない。このためゼロトラストでは利用者および端末の認証と、サービスごとのアクセス権限を決める認可を一括して受け持つ「関所」となるサービスを用意するのが現実的だろう（図2-4）。

クラウドサービスなどにアクセスしたい端末は、まずはこの関所にアクセスして厳密な利用者認証をクリアし、真正性を保証する証明書と、サービスごとに許されるアクセス権限を規定した「手形」を発行してもらう。これを使って個別のサービスにアクセスするわけだ。社内ネットワークという境界の影響を受けないゼロトラストでは、関所をクラウドサービスで実現するのが現実的だ。

多要素認証（MFA）などのベースになる利用者の管理もこれまでより厳密に行う必要がある。多くの組織では境界防御であってもウィンドウズで標準の「アクティブディレクトリ

図2-4　クラウド上の関所で厳格に認証

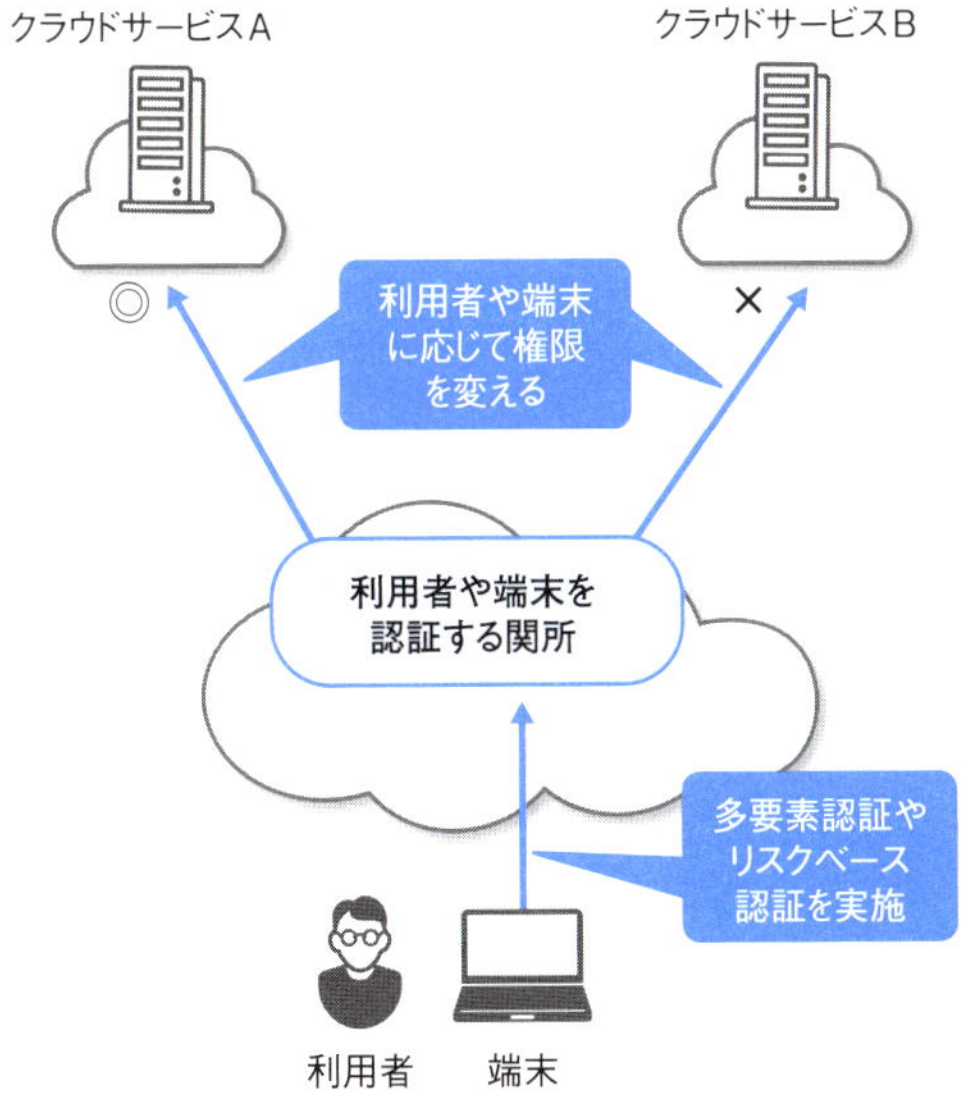

（ＡＤ）」などで既に利用者を管理しているはずだ。ゼロトラストではこの利用者管理の機能も関所のクラウドサービスが受け持つことになる。こうしたサービスはアイデンティティー＆アクセス管理（ＩＡＭ）と呼ぶ。これについては次章で詳しく説明する。

業務アプリケーションを外部から利用

クラウドサービス全盛と言っても、企業秘密などを扱う重要な業務アプリケーションは社内で運用するケースがまだまだ多い。境界防御では、重要な業務アプリケーションと利用者の端末を同じ社内ネットワークに置くことでアクセス制御を実現している。境界の中を信頼できる領域とし、その中にある端末しか業務アプリケーションにアクセスできないようにする。社外からのアクセスを可能にするＶＰＮも同様であくまで境界防御の拡張である。社内ネットワークの境界に設置したＶＰＮ製品と社外の端末を暗号化された通信路で結ぶことで、社外に置いた端末を社内ネットワークにあるのと同等に扱う。

境界を取っ払うゼロトラストでは信頼できる領域が存在しないので、業務アプリケーションと端末を直接つなぐ必要がある。とはいえ実際には直接つなげないので、業務アプリケーションと端末を仲介する機能、すなわち関所を導入する（図2－5）。

先ほども「関所」という表現を使ったが、前出の関所は利用者や端末を認証する機能、ここでの関所は業務アプリケーションと端末をつなぐ機能を指す。後者の関所もインターネット上に置くことになる。この関所には業務アプリケーション側と端末側それぞれからアクセスして通信するイメージだ。つまりVPNを利用する場合とは異なり、業務アプリケーション側には「待ち受けるための口」を用意する必要がない。VPNを使わずに業務アプリケーションの利用が可能になる。ゼロトラストの導入で利便性が高まるのは間違いない。

ただし、この方式はもろ刃の剣でもある。業務アプリケーションにアクセスするための関所には誰でもアクセスできるので、適切なアクセス制御が不可欠になるからだ。さもないと、業務アプリケーションをインターネットに公開したのと同じになってしまう。前述の認証のための関所と連携させて、厳格な利用者および端末の認証を実施した後、業務アプリケーションに接続させる必要がある。

図2-5　外部から社内の業務アプリケーションにアクセス

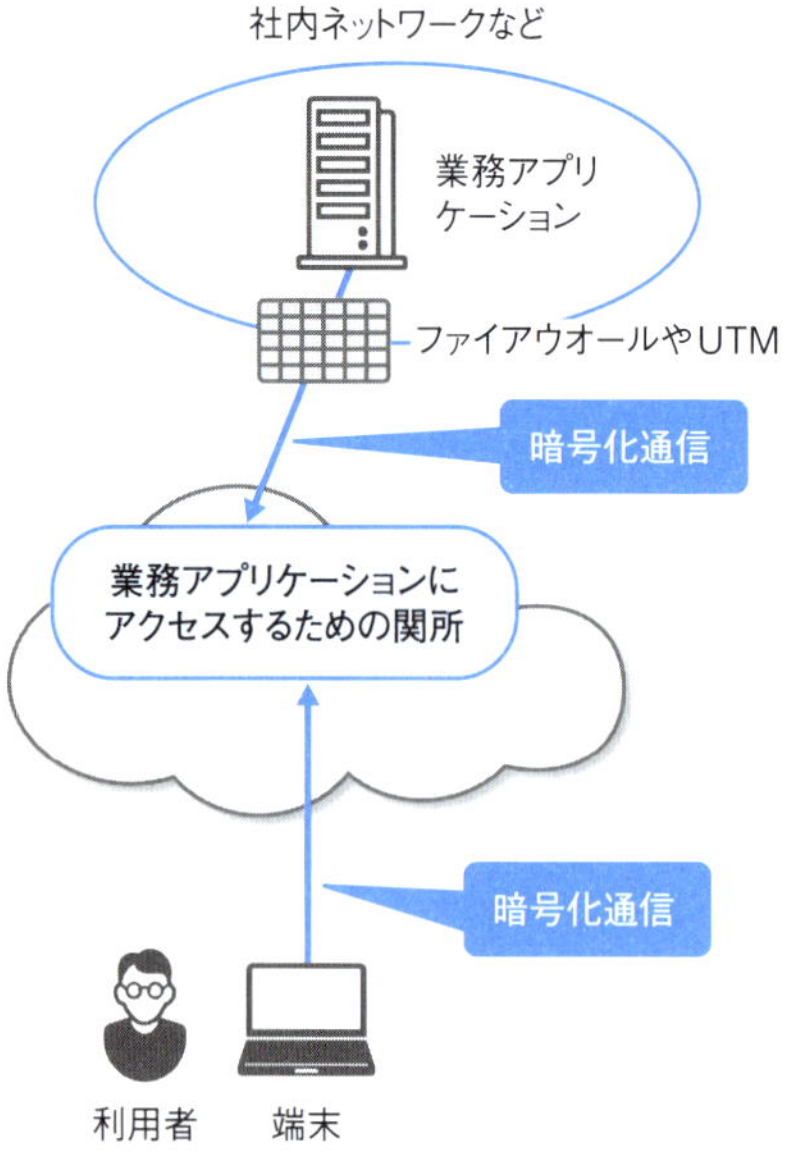

この機能は、アイデンティティー認識型プロキシー（IAP）などと呼ばれるクラウドサービスで実現する。こちらについても次章で詳細に解説する。

利用者のネットアクセスや端末を管理

境界防御では一般的に社内ネットワークに設置したプロキシーサーバーで端末のインターネットアクセスを一元管理する。境界内（社内ネットワーク）の端末はプロキシーサーバーを経由しなければインターネットにアクセスできないようにすれば、こうした管理は簡単かつ確実に実現できる。

境界のないゼロトラストで同じ機能を実現するには、プロキシーサーバーと同様の機能を備えるクラウドサービスを利用するのが自然だろう（図2-6）。クラウドサービスでプロキシーサーバー機能を提供すれば、端末がどこにあってもそのサービスにアクセスできるし、端末のネットアクセスを一元管理できる。プロキシーサーバーのアクセス制御を実現するサービスとしてはセキュアWebゲートウエイ（SWG）、クラウドの利用状況を可視化す

図2-6　クラウド上にプロキシーの機能を置く

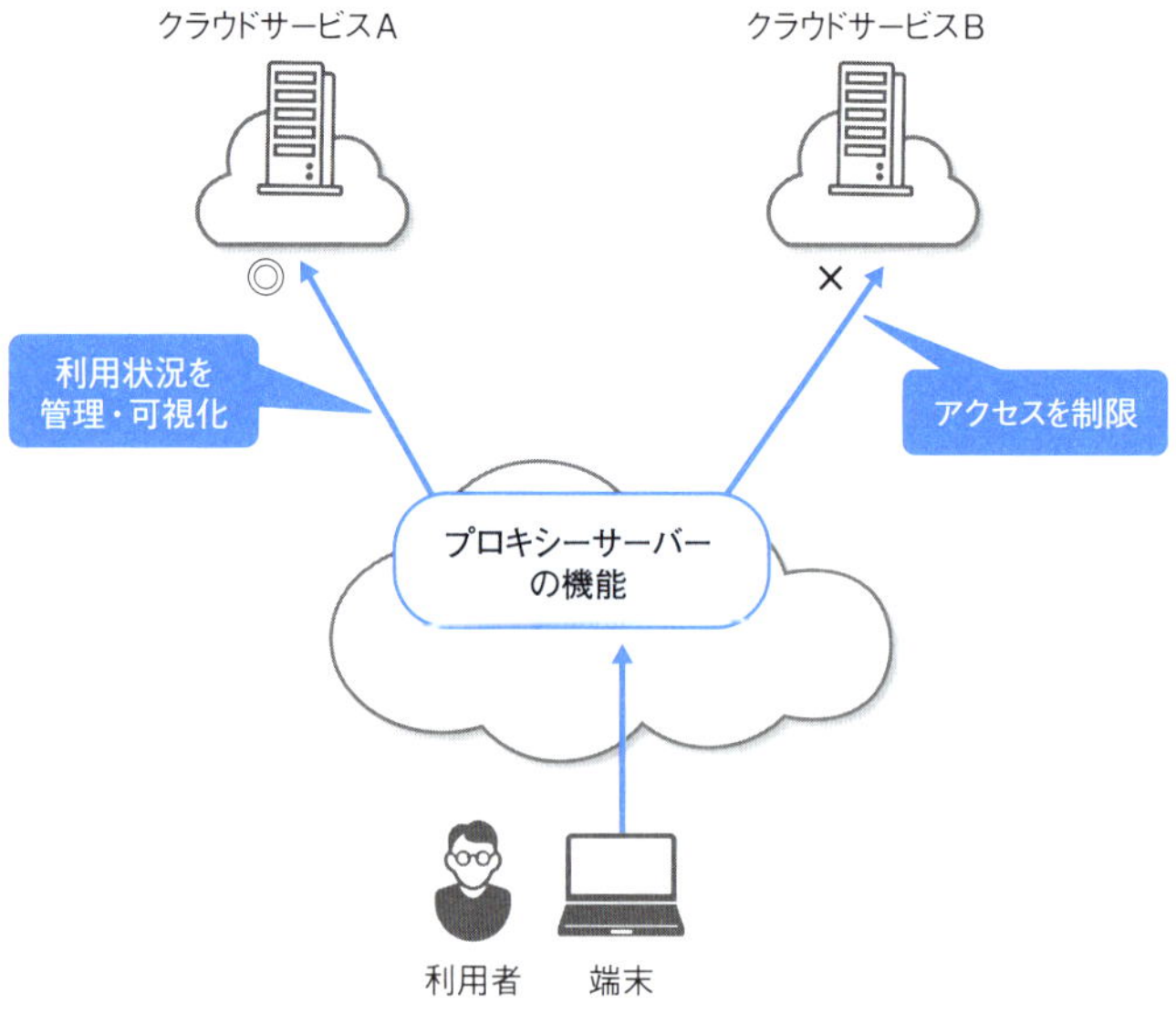

るサービスとしてはクラウド・アクセス・セキュリティー・ブローカー（CASB、キャスビー）が知られている。

端末の管理も重要になる。境界防御では、パソコンなどの端末の持ち出しを禁止すれば情報流出の原因になったり、端末経由のサイバー攻撃を受けたりすることを防げていた。だがゼロトラストでは、端末は社外にあるのが前提だ。危険なアプリケーションを勝手にインストールされたり、端末を紛失されたり、セキュリティー設定などに不備があったりすると、情報流出などの被害につながりやすい。

また、先ほど説明した多要素認証（MFA）では、利用者が使う端末自体を認証の要素にすることも多い。例えば組織が貸与した端末でないと業務アプリケーションにアクセスできないようにするといった運用だ。端末は業務や業務アプリケーション利用のための道具にとどまらず、ゼロトラストを実現する上で、鍵となる重要な要素の1つになる。このため厳格な端末管理が求められる。すなわち、端末管理もゼロトラストに不可欠な機能となる。他の機能と同様に、この機能もクラウドサービスで実現する（**図2-7**）。端末を管理する製

図2-7　遠隔から端末を管理

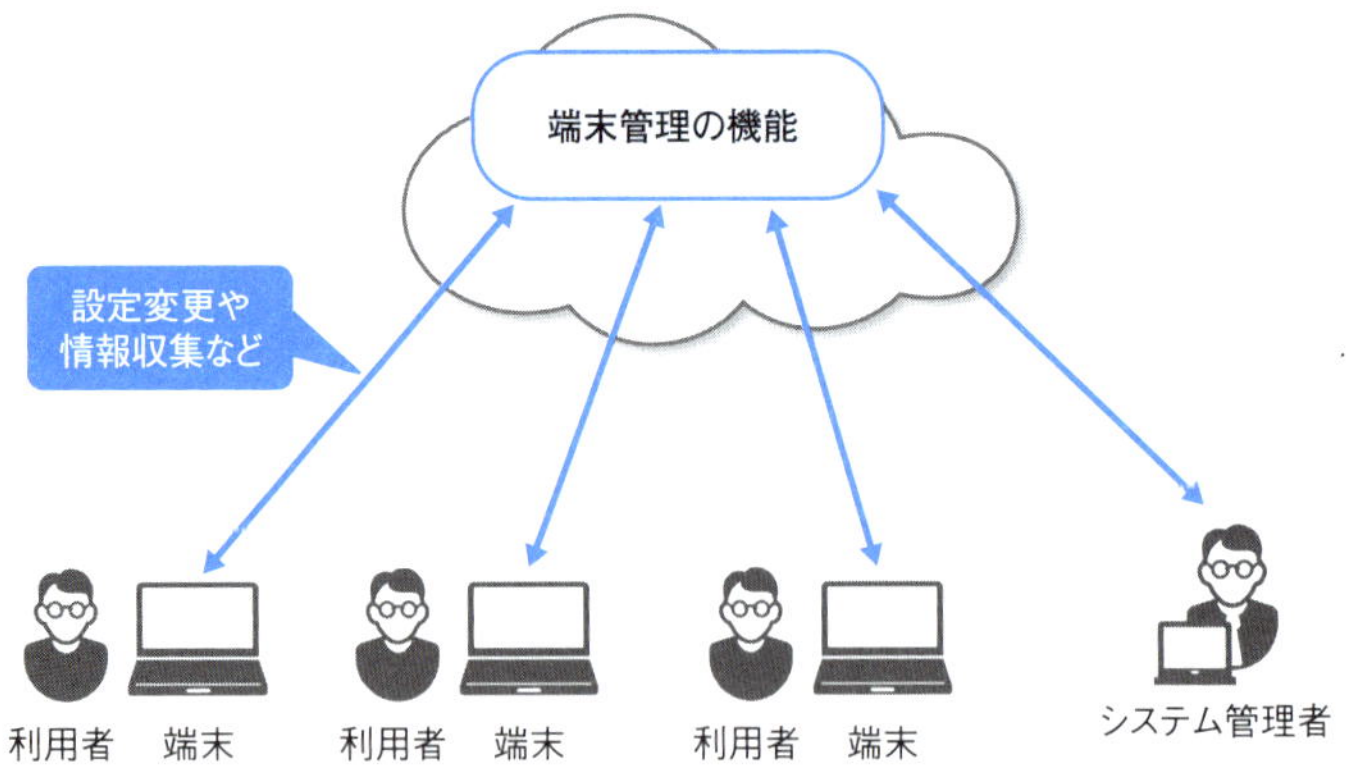

品やサービスは目新しいものではない。モバイルデバイス管理（ＭＤＭ）やモバイルアプリケーション管理（ＭＡＭ）と呼ばれ、従業員にスマートフォンなどの端末を貸与している組織の多くで既に導入しているはずだ。

サイバー攻撃の予兆や痕跡を検知

境界の守りがなくなるゼロトラストでは、端末やサーバー、クラウドサービスなどがサイバー攻撃を受けることを前提にして監視などを強化する必要がある。従来の境界防御では社内ネットワークを流れるデータを監視し、侵入検知システム（ＩＤＳ）や侵入防御システム（ＩＰＳ）といった製品でサイバー攻撃を検知できたが、各端末がどのような経路で通信するのか分からないゼロトラストでは、流れるデータを監視して異変を知るのは難しい。そこで、組織の管理下にある機器やクラウドサービスなどのログを集約および解析して不正アクセスの予兆を検知する手法の導入が現実的だ（**図2-8**）。

そのような検知を可能にする製品やサービスはセキュリティー情報イベント管理

図2-8　ログを集約・解析して異常を検知

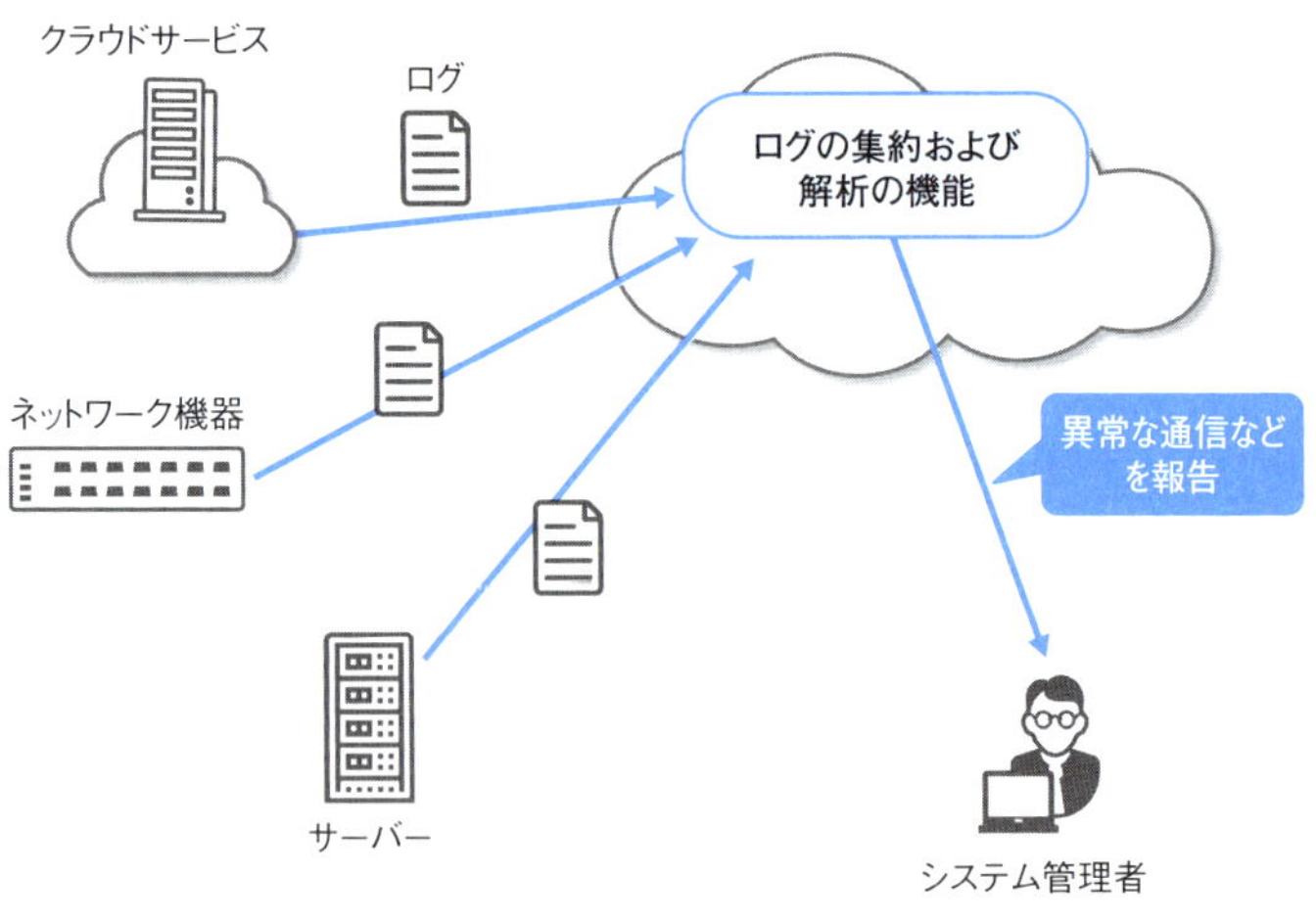

（SIEM、シーム）と呼ばれる。これも以前から存在する製品・サービスだが、セキュリティーレベルの向上が不可欠なゼロトラストの登場により改めて注目されている。

監視すべきはネットワーク機器やサーバーだけではない。端末も監視する必要がある。「データベースに登録された既知のマルウエアやサイバー攻撃を検知したら駆除や遮断する」といった従来のエンドポイントセキュリティーでは守り切れない。

イベントログなどから異常を検知して未知の攻撃でも防ぎ、被害に遭った場合には被害の感染拡大を食い止め、自己修復するような機能が必要だ。いわばインテリジェントなパーソナルファイアウオールおよびウイルス対策ソフトといった機能となる。そのような機能はエンドポイント・ディテクション＆レスポンス（EDR、エンドポイントの検知と対応）と呼ばれる。ウイルス対策ソフトを提供しているベンダーのほとんどが最近、EDRを名乗る製品も販売している。

まとめ

1 境界防御からゼロトラストに移行するには、境界防御で実現していたセキュリティー機能を別の形で実現するために以下のような製品・サービスの導入が不可欠になる。

2 多要素認証（MFA）やリスクベース認証を実現できる、従来より強化された利用者および端末の認証と認可を提供する製品やサービス。

3 VPNを使うことなく業務アプリケーションへのアクセスを可能にするクラウドサービス。

4 利用者のインターネットへのアクセス制御やクラウドの利用状況の把握、端末の管理などを担うクラウドサービス。

5 サイバー攻撃の監視体制の強化。機器やサービスのログを集約・解析して不正アクセスの兆候を検知するクラウドサービスや端末を防御するエンドポイント・ディテクション&レスポンス（EDR）。

表2-1　ゼロトラストと境界防御で必要なセキュリティー機能の違い

セキュリティーの機能	境界防御（一般企業レベル）	ゼロトラスト
利用者認証	IDとパスワード	多要素認証、リスクベース認証を使いシングルサインオン
業務アプリケーションの利用認可	業務アプリケーションごとに個別に設定	アクセスポリシーに照らし都度判断
サイバー攻撃の検知・防御	境界に置いたファイアウオールやUTM	セキュリティー情報イベント管理
利用者のWebアクセス管理	境界に置いたプロキシーサーバー	セキュアWebゲートウエイやクラウド・アクセス・セキュリティー・ブローカー
外部からの業務アプリケーション利用	VPN	アイデンティティー認識型プロキシー
端末管理	特になし（社内ネットワークは安全）	モバイルデバイス管理／モバイルアプリケーション管理
端末保護（エンドポイントセキュリティー）	パーソナルファイアウオールとウイルス対策ソフト	エンドポイント・ディテクション&レスポンス

第3章

ゼロトラストを構成するサービス

ゼロトラストを実現するクラウドサービス

前章ではゼロトラストに求められる機能を整理した上で解説した。ゼロトラストの中核となるのは、厳格な利用者および端末の認証・認可を実現する機能と、VPNを使わずに業務アプリケーションにアクセスするための機能である。ただし、境界という守りがないゼロトラストはこれらだけではセキュリティー面で不十分となる。サイバー攻撃にさらされることを前提に、あらん限りの方法でセキュリティーレベルを高める必要がある。この章では、前章で解説した機能を実現するクラウドサービス、つまりゼロトラストの構成要素になるクラウドサービスを具体的に解説する。

なお繰り返しになるが、ゼロトラストはセキュリティーの考え方なので、実現方法は様々である。ここで紹介したクラウドサービスをすべて利用しなければゼロトラストとは呼べない、ということではない。一口にゼロトラストと言ってもセキュリティーレベルは異なる。境界防御と同様である。同じ境界防御に基づいて守っているネットワークでも、導入しているセキュリティー製品・サービスの数や種類は異なるし、かけているコストも異なる。当然、セキュリティーレベルも異なる。

また、境界防御とゼロトラストは共存できる。境界防御から移行する場合などは、境界防御で守る業務アプリケーションやサーバーを残しつつ、端末や新しく利用を始めるクラウドサービスなどからゼロトラストで運用するといった方法が現実的だ。実際、既にゼロトラストを全面導入済みの企業や組織の中にも、一部のシステムについては境界防御で守り、社外からはＶＰＮで接続する運用をしているケースがよく見受けられる。

アイデンティティー&アクセス管理（IAM）
利用者を認証し、必要な権限を認可する

ゼロトラストでは、境界防御とは異なり「無条件で信頼できる利用者」は存在しない。このため、アクセスしてきた相手を認証し、必要な権限を付与する認可がとても重要で、ゼロトラスト構築における中核の１つとなる。この役目を担うサービスがアイデンティティー&アクセス管理（ＩＡＭ）である。

アイデンティティー&アクセス管理（ＩＡＭ）は、システムを利用する利用者のＩＤと属性情報（氏名や所属、役職情報など）をひも付けて保管する「ＩＤデータベース」と、利用できるアプリケーションやデータなどを規定する「アクセスポリシー」に基づいて、利用者の認証やアプリケーションなどへの認可を管理する（**図3-1**）。

利用者がデータやアプリケーションなどにアクセスする際には、まずアイデンティティー&アクセス管理（ＩＡＭ）が利用者を認証する。利用者本人しか知り得ないパスワードなどを入力させることで、正当な利用者本人によるアクセスだと確認する。

アイデンティティー&アクセス管理（ＩＡＭ）は通常、前章でも解説した多要素認証（ＭＦＡ）の機能を備える。パスワードといった利用者しか知り得ない知識による認証だけではなく、登録されている端末以外は接続させないといった所持による認証にも対応する。スマートフォンなど本人の所有物に送ったＳＭＳに記載した暗証番号（ワンタイムパスワード）を入力させるのも所持による認証だ。指紋などの生体で認証する場合もある。最近はスマートフォンなどの端末の多くが指紋認証や顔認証などに対応しているので、生体による認

図3-1　アイデンティティー&アクセス管理（IAM）の概要

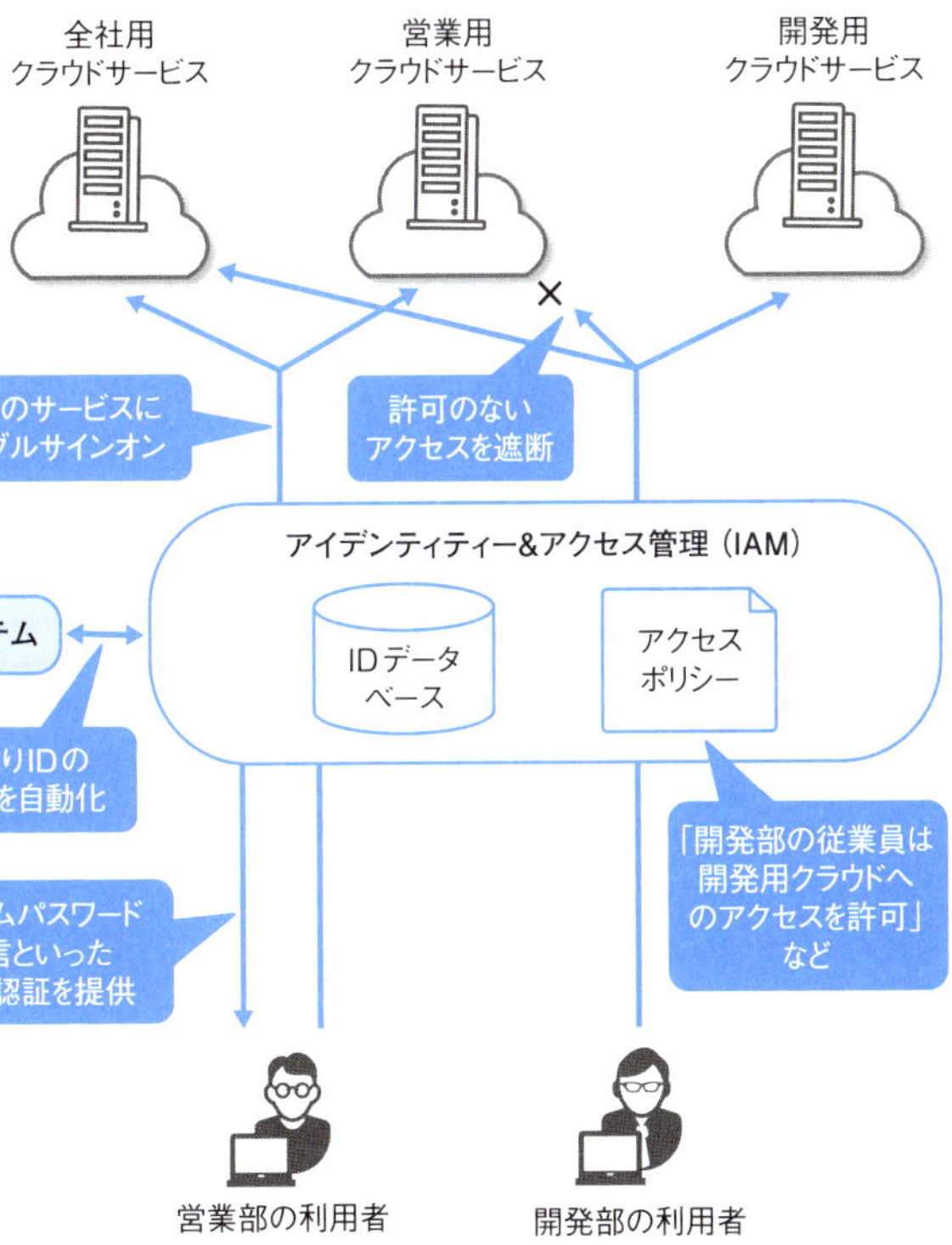

証を実施しやすくなっている。

アイデンティティー&アクセス管理（IAM）は認証に続いて、アクセスポリシーに応じてIDにデータやアプリケーションへのアクセスを認可する。アクセスポリシーとは例えば「開発部の従業員に、開発用クラウドサービスの利用を許可する」といったように利用者の所属部署や職務でアクセスできる業務アプリケーションやデータの種類を切り替えるものだ。システム管理者はIDとひも付けて管理する属性情報などを基に、必要なアプリケーションへのアクセスを許可したり、逆にその利用者には業務上必要ないアプリケーションへのアクセスを禁止したりするようにアクセスポリシーを設定する。

シングルサインオン（SSO）の機能も提供

シングルサインオン（SSO）の機能も担う。シングルサインオン（SSO）とは利用者が1回の認証で複数のクラウドサービスやアプリケーションにログインできるようにする仕組みである。用途の異なる複数のクラウドサービスや業務アプリケーションを併用する組織は多いが、このときにサービスごとにそれぞれ認証するような運用にすると利用者は面倒であるし、管理にも余計な手間がかかる。情報流出や不正アクセスなどのリスクも高まる。

シングルサインオン（ＳＳＯ）を使えば、利用者はアイデンティティー＆アクセス管理（ＩＡＭ）へのログイン方法さえ覚えていれば、複数のクラウドサービスやアプリケーションに対して、いちいちログインせずに済み、シームレスに利用できるようになる。

アイデンティティー＆アクセス管理（ＩＡＭ）には、ＩＤ管理を自動化する機能もある。ＩＤ管理システムの情報は人事システムと連動できるので、例えば人事システムに新しく入った従業員を登録すると、それに伴って新しいＩＤを作成したり、退職した従業員のＩＤを自動的に削除できたりする。人事システムの情報に連動して常に最新の状態が保たれることになる。

利用者や端末の状況から認証の基準や方法を動的に変更する、前述の「リスクベース認証」も導入できる。リスクベース認証とは、利用者のアクセス場所や端末の状態といったコンテキスト（状況）を調べ、不審な振る舞いなどが見られる場合には認証を拒否したり認証要素を増やしたりする認証方式である。例えば同一ＩＤにもかかわらず、短時間に複数の国や地域からアクセスがあった場合には第三者によるアクセスの可能性が高いとして、通常のパスワード入力に加えて認証要素を増やす、例えば指紋認証を追加で要求するといった運用を行う。このようにして不正なアクセスを許すリスクを減らす。

アイデンティティー＆アクセス管理（ＩＡＭ）が認証に使用するコンテキストとしては、後述するモバイルデバイス管理（ＭＤＭ）やエンドポイント・ディテクション＆レスポンス（ＥＤＲ）などから収集した端末のセキュリティー情報、セキュリティー情報イベント管理（ＳＩＥＭ）やクラウド・アクセス・セキュリティー・ブローカー（ＣＡＳＢ）などが見つけ出した利用者の不審な行動などが挙げられる。これらの情報をリアルタイムに収集し、自動的に認証強度を変えるといったことが可能になる。

従来の境界防御でもアイデンティティー＆アクセス管理（ＩＡＭ）は利用されてきた。企業などに幅広く普及している代表的な製品・サービスとしては、米マイクロソフトの「アクティブディレクトリ（AD）」がある。アクティブディレクトリは、組織内に専用のサーバーを設置して使うオンプレミス専用だったが、現在ではクラウドサービス版もある。このように最近のアイデンティティー&アクセス管理（IAM）はクラウドサービス化されており、他のクラウドサービスとの連携が容易になっている。こうした環境の変化もゼロトラストの実現を容易にしている。

アイデンティティー認識型プロキシー（IAP）
社内の業務アプリケーションに外部からアクセス

ゼロトラストを実現する際の大きなハードルになるのは、社内ネットワークで利用中の業務アプリケーションだ。特に組織が独自開発した業務アプリケーションは、クラウドサービスへの移植が設計上難しかったり、移行に費用がかかったりするといった理由で、すべてをクラウドサービスに移行するのは難しい。このため社内ネットワークの業務アプリケーションにはVPN経由でアクセスするのが一般的だった。

だが最近は、アイデンティティー認識型プロキシー（ＩＡＰ）と呼ばれる技術あるいはサービスの登場がこの問題を解決し、ＶＰＮを使わずにインターネット経由で社内ネットワークの業務アプリケーションにアクセスできる環境を用意できるようになってきた。アイデンティティー認識型プロキシー（ＩＡＰ）の導入により、セキュリティー強化と同時に脱ＶＰＮも図れる。

アイデンティティー認識型プロキシー（ＩＡＰ）は、利用者とアプリケーションの間に入って通信を仲介するプロキシーである。前章で解説したように、いわばアプリケーションの関所・門番だ。一方、社内ネットワークには「コネクター」と呼ばれるサーバーを設置する。このコネクターを介してクラウドサービスであるアイデンティティー認識型プロキシー（ＩＡＰ）と連携する。利用者と社内ネットワーク内の業務アプリケーションのやりとりを中継して、社内ネットワークに置いた業務アプリケーションをインターネット経由で利用できるようにするわけだ。通信はアイデンティティー認識型プロキシー（ＩＡＰ）が暗号化するため、インターネット経由でも安全に業務アプリケーションを利用できる（**図3－2**）。

図3-2　アイデンティティー認識型プロキシー(IAP)の概要

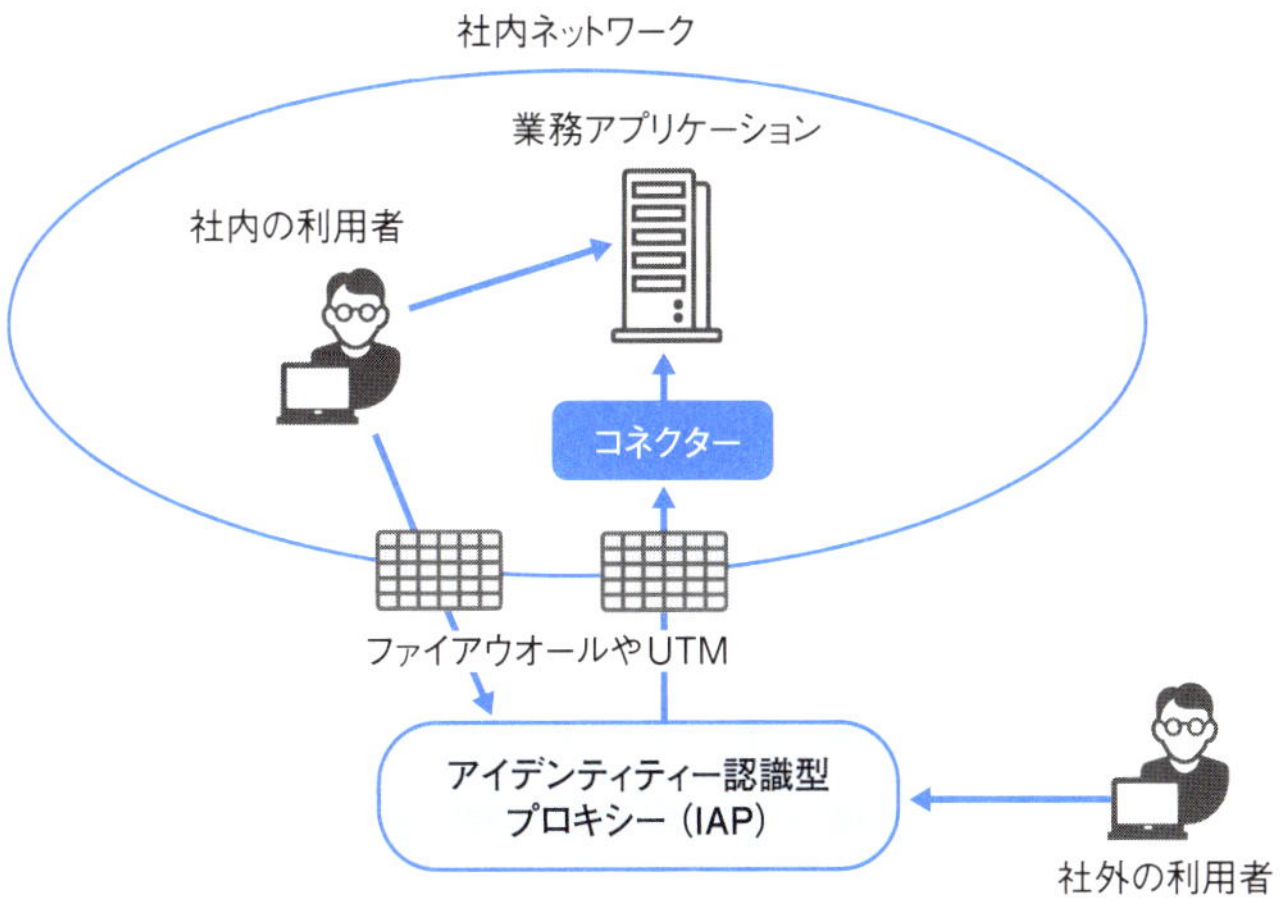

アイデンティティー認識型と呼ばれるのは、利用者がアプリケーションを利用するたびに、前出のアイデンティティー＆アクセス管理（ＩＡＭ）と連携して認証や認可をやり直すためだ。不正アクセスが疑われる場合は多要素認証（ＭＦＡ）など通常よりも厳密な利用者認証を実施する。

境界防御では社内ネットワークにある利用者や端末は安全と判断し、それらから業務アプリケーションへのアクセスは無条件に許可していた。だが社内ネットワークも信頼しないゼロトラストでは、どこからのアクセスであっても信頼しないのが運用の基本だ。社外と社内の通信を中継するアイデンティティー認識型プロキシー（ＩＡＰ）を、アイデンティティー＆アクセス管理（ＩＡＭ）と連携させて使うことで、安全性を担保している。

厳格なゼロトラストでは、アクセス元が社内であっても社外であっても、業務アプリケーションへはアイデンティティー認識型プロキシー（ＩＡＰ）を経由してアクセスするように運用する。社内の利用者であっても安全とは限らないと考えて運用するからだ。こうした構成の場合は、アイデンティティー認識型プロキシー（ＩＡＰ）がアイデンティティー＆アクセス管理（ＩＡＭ）と連携して、アクセス元の利用者と端末を利用のたびにチェックするので、セキュリティーは高まる。

ただしこのあたりをどこまで厳密に運用するかは組織の考え方による。ゼロトラストと境界防御を併用している企業や組織では、社内からのアクセスはアイデンティティー認識型プロキシー（ＩＡＰ）を経由しないという運用も実際にある。

脱VPNの手段としても注目

アイデンティティー認識型プロキシー（ＩＡＰ）はＶＰＮの代替手段としても注目されている。どちらも外部の利用者が、社内ネットワークに設置された業務アプリケーションを利用する手段だからだ。

アイデンティティー認識型プロキシー（ＩＡＰ）とＶＰＮの違いは大きく２つある。１つは、ＶＰＮが社内ネットワークへのアクセスを制御するのに対して、アイデンティティー認識型プロキシー（ＩＡＰ）はアプリケーション単位でのアクセスを制御する点である。

ＶＰＮでは、利用者が一度社内ネットワークに入ってしまえばその後は社内にいるのと同じようにノーチェックとなり、すべてのサーバーに対してアクセスが可能となる。この態勢は、サイバー攻撃に対して脆弱となる。正規の利用者になりすました攻撃者にＶＰＮ経由で侵入されてしまうと、社内ネットワーク全体を侵害される恐れがある。第１章で解説したラテラルムーブメント（横方向の移動）を許してしまう。

それに対してアイデンティティー認識型プロキシー（ＩＡＰ）では、業務アプリケーションに直接アクセスするのはコネクターであり、利用者は社内ネットワークのサーバーなどには直接アクセスできない。またアイデンティティー認識型プロキシー（ＩＡＰ）においては業務アプリケーションを利用しようとするたびに、利用者や端末に対して認証および認可が実施される。このためＩＤやパスワードの詐取などで攻撃者が正規の利用者になりすましても、アクセス元の環境（場所や端末など）が変わったことを検知して利用できなくするといった運用が可能になる。

アイデンティティー認識型プロキシー（IAP）のもう1つの大きな利点は、VPNに比べてネットワークの設計がシンプルになる点だ。VPNを利用するためには、外部（インターネット側）にいる利用者がVPN製品にアクセスできる必要がある。このためVPN製品を社内ネットワークの「外」に置く必要がある。具体的にはインターネットと社内ネットワークの境界に非武装地帯（DMZ）と呼ばれるエリアを設けてVPN製品をそこに配置したり、外部からの通信がVPN製品に届くようにファイアウオールに「穴」を開けたりする。こうした設定は特に難しいわけではないが、ネットワークの設計や運用を複雑にするし、設定ミスなどにより、外部からの攻撃を招く危険性がある。

それに対してアイデンティティー認識型プロキシー（IAP）のコネクターの設置・運用にはその煩雑さがない。社内ネットワーク内にコネクターを設置するだけで事足りるからだ。インターネット上のアイデンティティー認識型プロキシー（IAP）との通信はコネクター側から開始される形なので、ネットワーク機器の設定を変更しなくても使い始められる。社内の端末などからインターネットのWebサイトを閲覧する場合と同等だからだ。ファイアウオールに穴を開けるといった特別な設定は必要ないし、それで安全が保たれる。つまりアイデンティティー認識型プロキシー（IAP）はVPNと比べてセキュリティーを強化できるだけでなく、社内ネットワークやファイアウオールの設定を変えずに導入できるという点で、VPNよりも導入が容易といえる。

Web型以外の業務アプリケーションも使える

アイデンティティー認識型プロキシー（IAP）の基本的な構成では、Webで使われるプロトコル（通信手順）であるHTTPおよびHTTPSの通信だけをリダイレクトする。そのため、原則としてはWebブラウザーで利用できる業務アプリケーションに対応は限られる。だが、クラウドに移行できない古い業務アプリケーションなどには専用のクライアントソフトを使うタイプもまだ残っている。そこでアイデンティティー認識型プロキシー（IAP）のベンダーの多くは、専用のエージェントソフトを用意して、専用のクライアントソフトなどを使う業務アプリケーションにも対応できるようにしている。

このエージェントソフトは利用者の端末のすべての通信をTLS（トランスポート・レイ

ヤー・セキュリティー）と呼ばれるインターネットの標準規格を使って暗号化・カプセル化する。カプセル化された通信はクラウドのアイデンティティー認識型プロキシー（IAP）から社内ネットワーク内のコネクターに送られ、そこでカプセルをほどかれて、業務アプリケーションのサーバーに送られる。このようにして外部の利用者があたかも社内にいるかのように、業務アプリケーションを利用できる。

また、社内ネットワークで運用する業務アプリケーションは社内での利用を前提に設計されていることがある。そのため、例えば社内DNSサーバーや社内で利用しているプライベートIPアドレスが運用の前提になっているケースがある。アイデンティティー認識型プロキシー（IAP）は、そうした業務アプリケーションをインターネット経由で利用可能にする仕組みも提供している。

仕組みは2つある。1つはアイデンティティー認識型プロキシー（IAP）が利用者に対して外部からアクセスできるFQDN（完全修飾ドメイン名）を提供し、アイデンティティー認識型プロキシー（IAP）が社内ネットワークのFQDNとマッピングする手法だ。

もう1つは、アイデンティティー認識型プロキシー（IAP）のエージェントを使う手法だ。アイデンティティー認識型プロキシー（IAP）のエージェントによって、クライアントがサーバーのプライベートIPアドレスに対して送ったデータをアイデンティティー認識型プロキシー（IAP）に転送する。アイデンティティー認識型プロキシー（IAP）はさらにそのデータを社内ネットワークにあるコネクターに転送し、コネクターがそのデータをサーバーがあるプライベートIPアドレスに届ける。

セキュアWebゲートウエイ（SWG）
利用者のネットアクセスを管理

セキュアWebゲートウエイ（SWG）は、利用者の端末に出入りするデータをチェックするクラウドサービスである。プロキシーサーバーとして動作し、Webサイトや別のクラウドサービスと利用者の端末の間に入り、やりとりするデータを中継およびチェックする（**図3－3**）。

図3-3　セキュアWebゲートウエイ（SWG）の概要

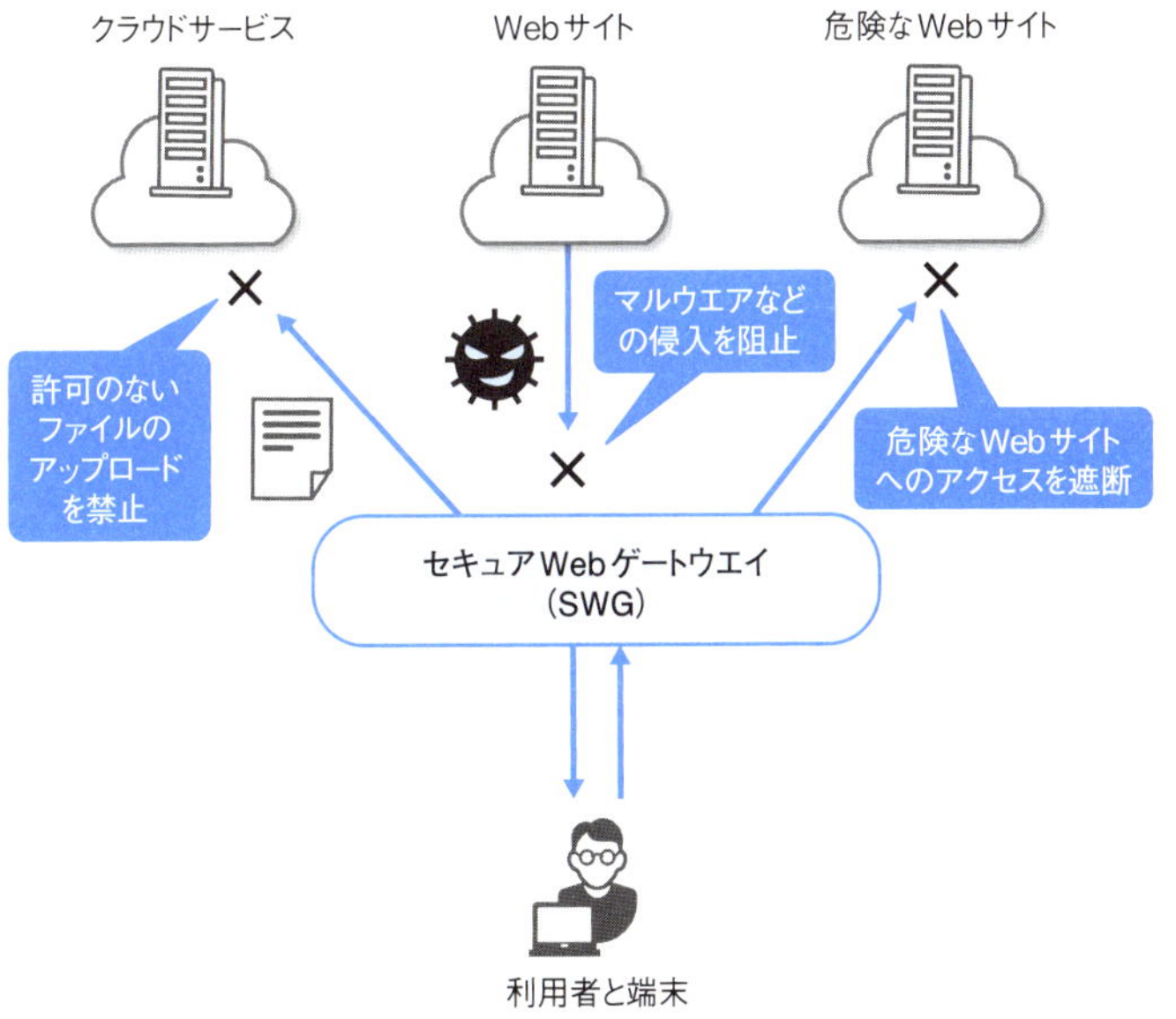

利用者が不正なWebサイトやクラウドサービスにアクセスするのを遮断するとともに、マルウエア（コンピューターウイルス）などの不正なデータが利用者の端末に入り込むことを防ぐ。境界防御の社内ネットワークにおけるファイアウォールやUTM（統合脅威管理）、プロキシーサーバーの役割を担う。利用者が社内と社外のどちらにいても、セキュアWebゲートウエイ（SWG）を経由することでインターネット上の脅威から利用者と端末を守ることができる。境界防御では、社外の利用者はVPNでいったん社内ネットワークに接続し、ファイアウォールなどを経由してクラウドサービスなどにアクセスする必要があった。インターネット上で提供されているセキュアWebゲートウエイ（SWG）を利用すればその必要がなくなる。

一口にセキュアWebゲートウエイ（SWG）と言っても、サービスによって提供する機能は異なる。例えばマルウエアの侵入を防ぐ機能1つにしても、既知のマルウエアの特徴を収めた定義ファイル（シグネチャー）を使ってマルウエアを検出するサービスもあれば、それに加えてサンドボックスを採用するサービスもある。ここでのサンドボックスとは、データに含まれるファイルを実行して振る舞いを調べる仕組みのこと。サンドボックスを使うことで、未知のマルウエアを検出できる場合がある。

不正なWebサイトなどへのアクセスを遮断するURLフィルタリングの機能はほとんどのセキュアWebゲートウエイ(SWG)が備える。セキュアWebゲートウエイ(SWG)を提供するクラウド事業者は、自社あるいは他社が提供するブラックリストに記載されたURLあるいはIPアドレスのWebサイトにアクセスしようとすると通信を遮断する。

情報漏洩を防止する情報漏洩防止（DLP）の機能を備えるセキュアWebゲートウエイ（SWG）もある。例えば、許可されていないクラウドサービスに業務データがアップロードされそうになったら通信を遮断する。

セキュアWebゲートウエイ（SWG）は、クラウドサービスへのアクセス状況を分析したり利用を制御したりする機能を備えるケースもある。この機能は、クラウド・アクセス・セキュリティー・ブローカー（CASB）と呼ばれ、情報漏洩防止（DLP）と共に、独立したクラウドサービスとしても提供されており、ゼロトラストを構成する重要なピースの1

つでもある。この2つについてはこの後詳しく解説する。

クラウド・アクセス・セキュリティー・ブローカー（CASB）

クラウドサービスの利用状況を監視・管理する

境界防御の社内ネットワークでは、社内に設置したプロキシーサーバーを経由してクラウドサービスにアクセスするのが一般的だ。このためプロキシーでアクセス制御を一元管理できる。ログを調べればアクセス状況も分かる。だが必ずしも社内ネットワークを経由するとは限らないゼロトラストでは、社内のプロキシーサーバーでは一元管理できない。そこで有用なのが、クラウド・アクセス・セキュリティー・ブローカー（CASB）機能を提供するクラウドサービスあるいは製品である（**図3-4**）。CASBは「キャスビー」と発音する。

クラウド・アクセス・セキュリティー・ブローカー（CASB）製品は一般に大きく分けて4種類の機能を備える。1つ目はクラウドサービスの利用状況の可視化だ。クラウド・アクセス・セキュリティー・ブローカー（CASB）はクラウドサービスと連携し、ログイ

図3-4　クラウド・アクセス・セキュリティー・ブローカー(CASB)の概要

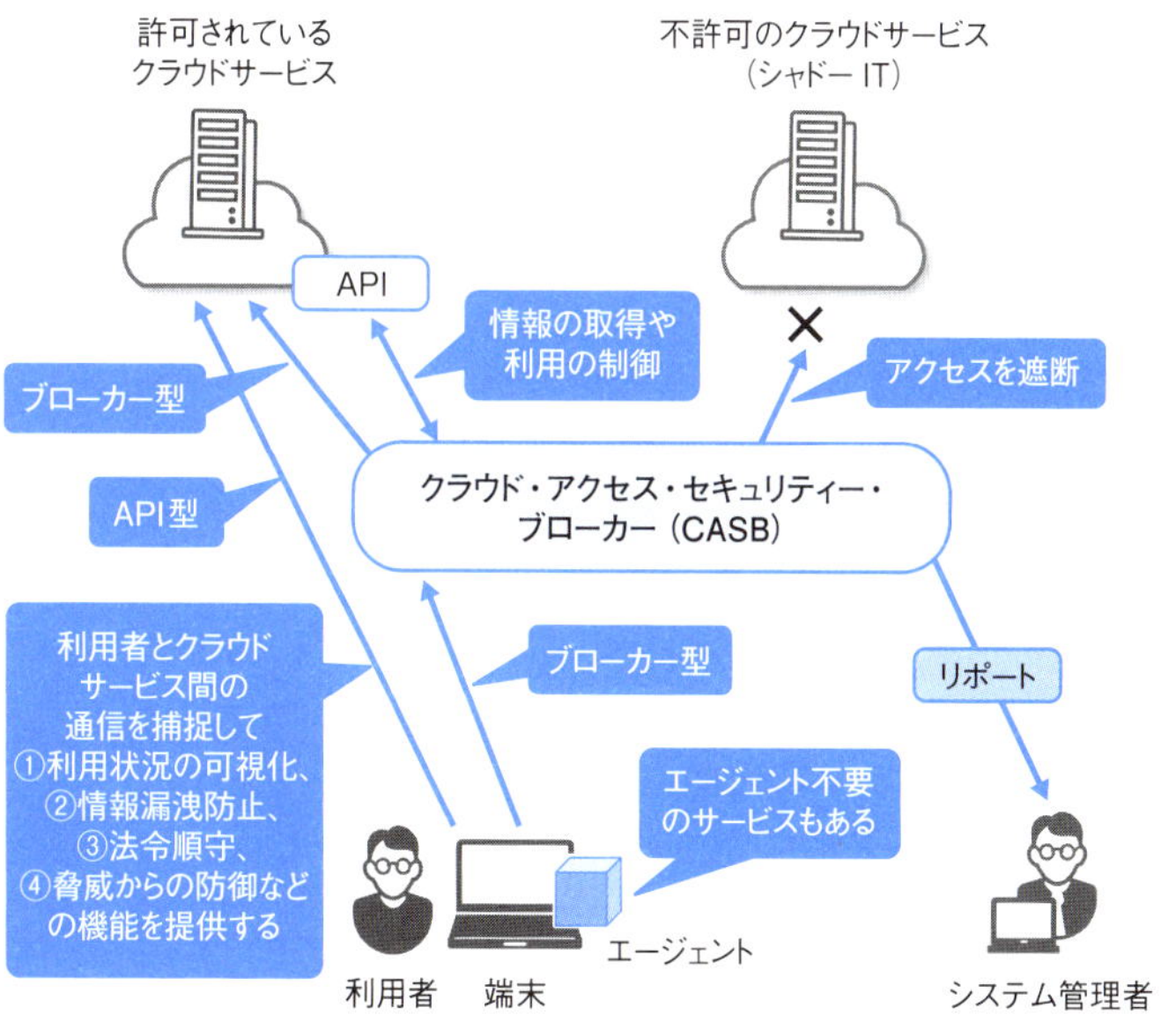

ン状況やデータのアップロードおよびダウンロードなどの情報を取得する。例えば利用者がクラウド・ストレージ・サービスに保存する機密情報を社外へ共有しようとした際には、利用者自身やシステム管理者に警告を通知する。許可されていないクラウドサービスへのアクセスも遮断する。これにより、企業が許可していないクラウドサービスを従業員や部署が勝手に利用する「シャドーＩＴ」を防げる。

２つ目は情報漏洩防止（ＤＬＰ）の機能だ。企業が定めたルールに基づき、クラウドサービスに機密情報が流出することを防ぐ。機密情報を検出した場合は、その情報の暗号化やアクセスの遮断を実施する。なお情報漏洩防止（ＤＬＰ）については、クラウド・アクセス・セキュリティー・ブローカー（ＣＡＳＢ）とは別のサービスとして提供される場合がある。

３つ目はコンプライアンス（法令順守）である。利用するクラウドサービスの認証機能やデータ保護基準などが、国・業界の規制や企業のコンプライアンスに違反していないかを確認する。公共機関の監査に必要な証跡の取得やリポートの作成にも対応する。

4つ目は脅威からの防御だ。クラウドサービス上のマルウエアを検知した場合に隔離などの措置を実施する。セキュリティーレベルが低く情報漏洩などのリスクが高いクラウドサービスへのアクセスもブロックする。

クラウド・アクセス・セキュリティー・ブローカー（CASB）はその名前通り、もともとはブローカー（仲介人）としてクラウドへの通信をすべて捕捉して検査する製品やサービスとして登場した。そのため当初の製品はすべてプロキシーであった。だが現在は幅広く、クラウドサービスのAPI経由で連携する製品やサービスもクラウド・アクセス・セキュリティー・ブローカー（CASB）と呼んでいる。

文字通りブローカーとして機能するクラウド・アクセス・セキュリティー・ブローカー（ブローカー型のCASB）には、利用者の端末に専用のエージェントソフトをインストールして利用するタイプもある。ブローカー型ならどのクラウドサービスにも対応できるので、シャドーITの利用状況を可視化しやすい。

クラウドサービスが用意するソフトウエア同士が連携する仕組みであるアプリケーション・プログラミング・インターフェース（API）を使うクラウド・アクセス・セキュリティー・ブローカー（API型のCASB）もある。このタイプは原則エージェント不要だが、企業が利用を認めているクラウドサービスしか対応できない。なおシャドーITとの対義語として、企業が利用を許可しているクラウドサービスは「サンクションIT」と呼ばれる。

モバイルデバイス管理（MDM）／モバイルアプリケーション管理（MAM）

端末の利用状況や使うアプリケーションを管理する

社内ネットワークに端末が固定されていることが多い境界防御とは異なり、ゼロトラストでは個々の端末が様々な場所で使われる。このため個々の端末を遠隔から管理しなければならない。場合によっては端末で動作するアプリケーションも管理する必要がある。そこで有用なのが、スマートフォンやタブレット端末、ノートパソコンといった利用者の端末を遠隔から管理するモバイルデバイス管理（MDM）と、端末で動作するアプリケーションを個別に管理できるモバイルアプリケーション管理（MAM）である。

MDM デバイス
MAM アプリ

モバイルデバイス管理（MDM）やモバイルアプリケーション管理（MAM）も以前から存在し、スマートフォンなどを従業員に貸与している組織では導入が進んでいる。ゼロトラストの他の構成要素と同様にクラウドサービスの登場で、より利用しやすくなっている。モバイルデバイス管理（MDM）やモバイルアプリケーション管理（MAM）を使えば、企業のセキュリティーポリシーに沿った設定や、カメラなど特定の機能の利用禁止、危険なアプリケーションの削除といった操作を、複数の端末に対して一斉に実施できる。利用者が仕事で使用する端末やアプリケーションに同じセキュリティーポリシーを適用して管理することは、社内ネットワークという境界がないゼロトラストでは不可欠である。

モバイルデバイス管理（MDM）はクラウドまたは社内ネットワークで運用する管理サーバーと、利用者の端末で動作するエージェントで構成される。システム管理者が管理サーバーから端末に対してコマンドを送り、それを受信した端末のエージェントがコマンドを実行する（**図3-5**）。

モバイルデバイス管理（MDM）が備える基本機能は大きく4種類に分けられる。1つ目

図3-5　モバイルデバイス管理（MDM）の概要

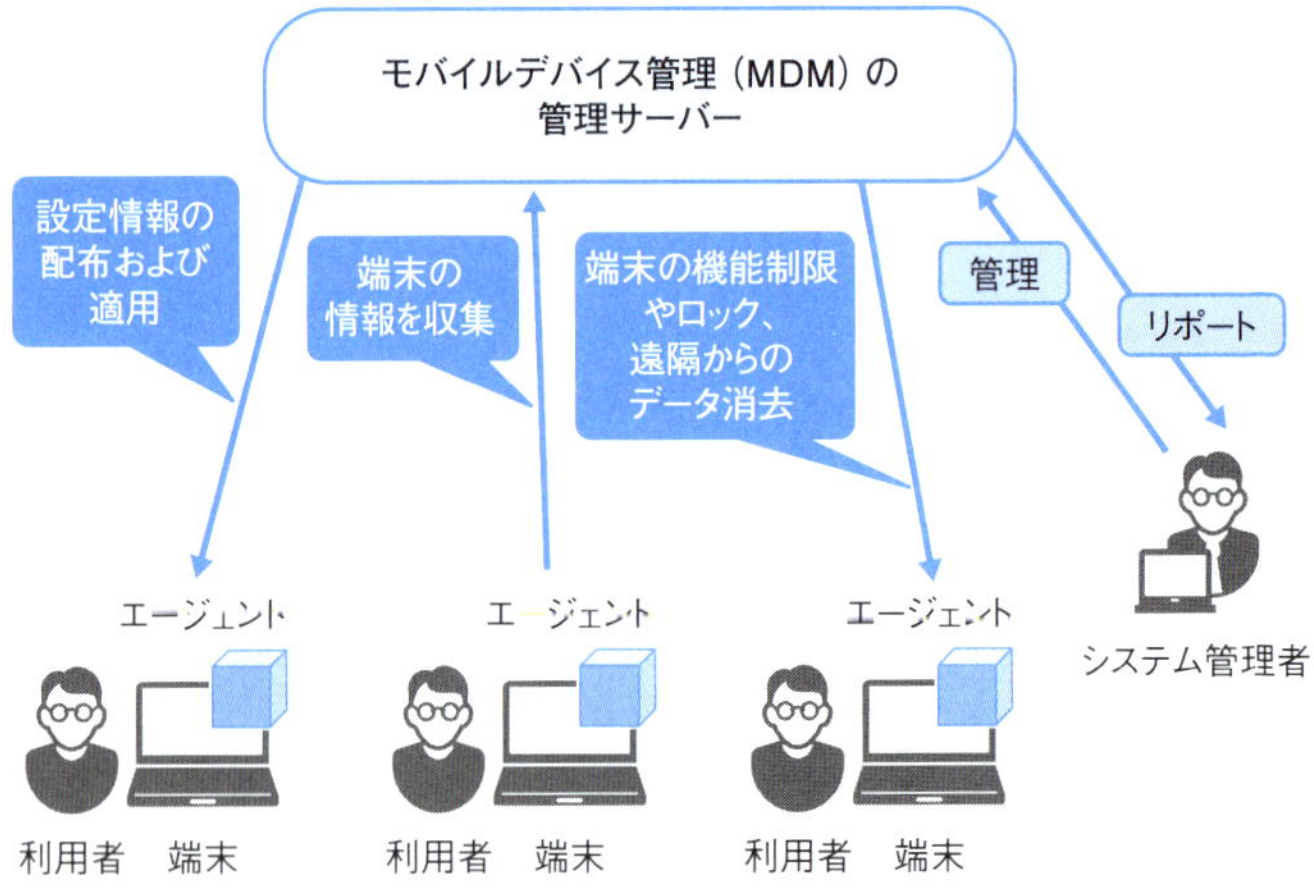

資産管理　クライアント管理　端末制御

は資産管理ツールとしての機能だ。例えば端末の資産番号やＯＳのバージョン、修正プログラム（セキュリティーパッチ）の適用の有無、端末の場所といった様々な情報を自動的に収集する。これによりシステム管理者はそれぞれの端末を集中管理できる。また、他のクラウドサービスと連携させることもできる。例えばアイデンティティー＆アクセス管理（ＩＡＭ）と連携させれば、「最新の修正プログラムが未適用の端末はアクセスを拒否する、あるいは追加の利用者認証を要求する」といった運用を自動的に実施できるようになる。

２つ目はいわゆるクライアント管理ツールの機能である。複数の端末に対して初期設定や業務アプリケーションの配布などを一斉に実施する。システム管理者が「プロファイル」などと呼ばれる設定データを作成し、モバイルデバイス管理（ＭＤＭ）の管理サーバーから一斉に配布して自動的に適用させる。利用者の所属部署や役職によって異なるプロファイルを作成して適用することもできる。

３つ目は端末の機能を強制的に禁止する機能である。例えば端末に内蔵されたカメラの起動やＳＤメモリーカードへのアクセスを禁止する。これにより撮影禁止場所での撮影や社外秘のミーティングの録音など、故意および過失による不正な端末の利用を防ぐ。

4つ目はリモートロックとリモートワイプ（消去）の機能だ。利用者が社外で端末を紛失したり盗難に遭ったりした際に、ネットワーク経由で端末を操作できなくしたり、データを消去して工場出荷時の状態に戻したりする。これにより端末からの情報漏洩を防止する。

モバイルアプリケーション管理（MAM）は、端末で動作するアプリケーションを管理する技術や製品、サービスを指す。単体で提供されている場合もあるが、モバイルデバイス管理（MDM）の一機能として組み込まれている場合も増えてきた。モバイルアプリケーション管理（MAM）は、アプリケーションごとに「外部アプリケーションとの連携禁止」「コピー&ペーストの禁止」といったセキュリティーポリシーを適用できる。

また主要なモバイルアプリケーション管理（MAM）では、業務アプリケーションが動作する仮想的な領域を端末に作り、私用アプリケーションと隔離する仕組みを備えている。業務アプリケーションと私用アプリケーションの間ではデータを受け渡せなくなるため、個人所有のスマートフォンなどの端末を業務にも使う、いわゆるBYOD（私物端末の業務利用）や業務用の端末で一部私用を許可する運用でも安全性を担保しやすい。

セキュリティー情報イベント管理（SIEM）
アクセスログ解析で危険の芽を摘む

不特定多数がアクセス可能なインターネットに流れているデータは信頼できない。攻撃者はネットワークを流れるいかなるデータも読むことができ、検知されることなくデータを偽装できる。境界という守りがないゼロトラストではこれを前提に守りを固める必要がある。そのためには異常をいち早く検知する仕組みが不可欠である。その1つが、様々な種類のログ（アクセスや利用の記録）を分析してサイバー攻撃を見つけ出すセキュリティー情報イベント管理（SIEM、シーム）である。

セキュリティー情報イベント管理（SIEM）は、社内ネットワークのセキュリティー製品やネットワーク機器、業務アプリケーション、クラウドサービス、社内サーバーや利用者の端末のOSなどが生成するログを収集および分析して、普段とは異なる動きを検出し、サイバー攻撃などの兆候を検出する（図3-6）。

セキュリティー情報イベント管理（SIEM）の最も基本的な機能は、異常検出である。ログを時系列で分析し、普段とは異なる「異常」な動きをリアルタイムで検出し、サイバー攻撃に対応する専門部署であるセキュリティー・オペレーション・センター（SOC）やシステム管理者などに警告を発する。

セキュリティー情報イベント管理（SIEM）は複数のデータソースから収集したログの相関関係を分析することで、単一のデータソースからでは分からない異変を突き止める機能も備えている。例えば、業務アプリケーションへのアクセスログと人事データベースの変更情報を突き合わせると「退職予定の従業員が、突然大量の業務データをダウンロードし始めた」といった怪しい行為を見つけ出せる。「普段は2～3個の業務アプリケーションにしかアクセスしない従業員が、短時間に数十の異なる業務アプリケーションにアクセスを試みた」とログ分析から分かれば、その利用者のアカウントは攻撃者に乗っ取られた可能性があ

図3-6　セキュリティー情報イベント管理（SIEM）の概要

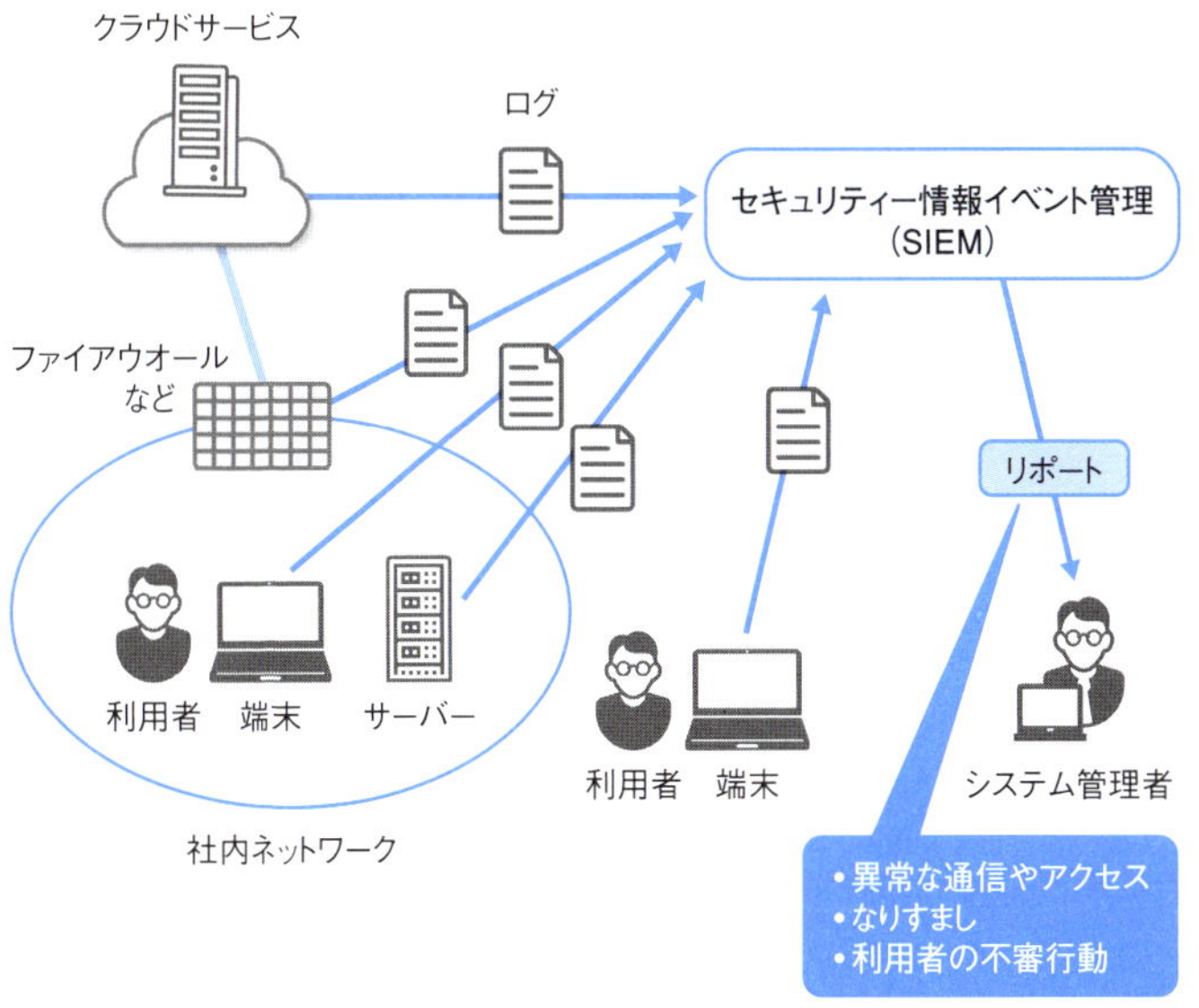

ると判断できる。

ゼロトラストにおいてセキュリティー情報イベント管理（SIEM）は、業務アプリケーションを防御する上で欠かせない存在である。繰り返しになるが、ゼロトラストは利用者や端末、ネットワークを信頼しない考え方だからだ。例えば利用者認証を通過したからといって、その利用者が本当に正規の利用者かどうかは分からない。認証情報を盗まれるなどして、第三者がなりすましている可能性がある。その場合でも、複数のログを突き合わせて分析するセキュリティー情報イベント管理（SIEM）なら異常を見抜ける。

セキュリティー情報イベント管理（SIEM）も決して新しい仕組みではない。2000年代後半には提唱され、製品が市場に登場していた。境界防御であっても、強固なセキュリティーを実現するにはセキュリティー情報イベント管理（SIEM）が必要とされた。ただこれまでは、導入のハードルが高かった。大量に出力されるログの収集・保存には大容量のストレージ（外部記憶装置）が必要となり、分析にもハイスペックの機器が不可欠である。それぞれコストがかかり、費用対効果を理由に導入はあまり進んでいなかったと思われる。

だが、セキュリティー情報イベント管理（ＳＩＥＭ）のクラウドサービスが次々と登場し、導入のハードルが大きく下がった。クラウドサービスなら、ハードウエアやストレージへ大きな初期投資をしなくてもセキュリティー情報イベント管理（ＳＩＥＭ）を利用できる。社内ネットワークに設置するオンプレミス型のセキュリティー情報イベント管理（ＳＩＥＭ）製品のベンダーも、ほぼ同機能のクラウドサービスを提供するようになっている。

情報漏洩防止（DLP）
外部に出てはならないデータを監視

情報漏洩防止（ＤＬＰ）は外部に出てはならないデータを監視し漏洩を防ぐ「監視員」の役割を果たす。パソコンやサーバー、クラウドなどに保管した機密情報を含むファイルが外部に漏洩するのを防ぐ機能で、機密情報の漏洩リスクを低減する。方式は機能を実行する場所によってエンドポイントＤＬＰ、ネットワークＤＬＰ、クラウドＤＬＰの３つに大別できる（**図3-7**）。

エンドポイント DLP
ネットワーク DLP（ダークトレース）
クラウド DLP

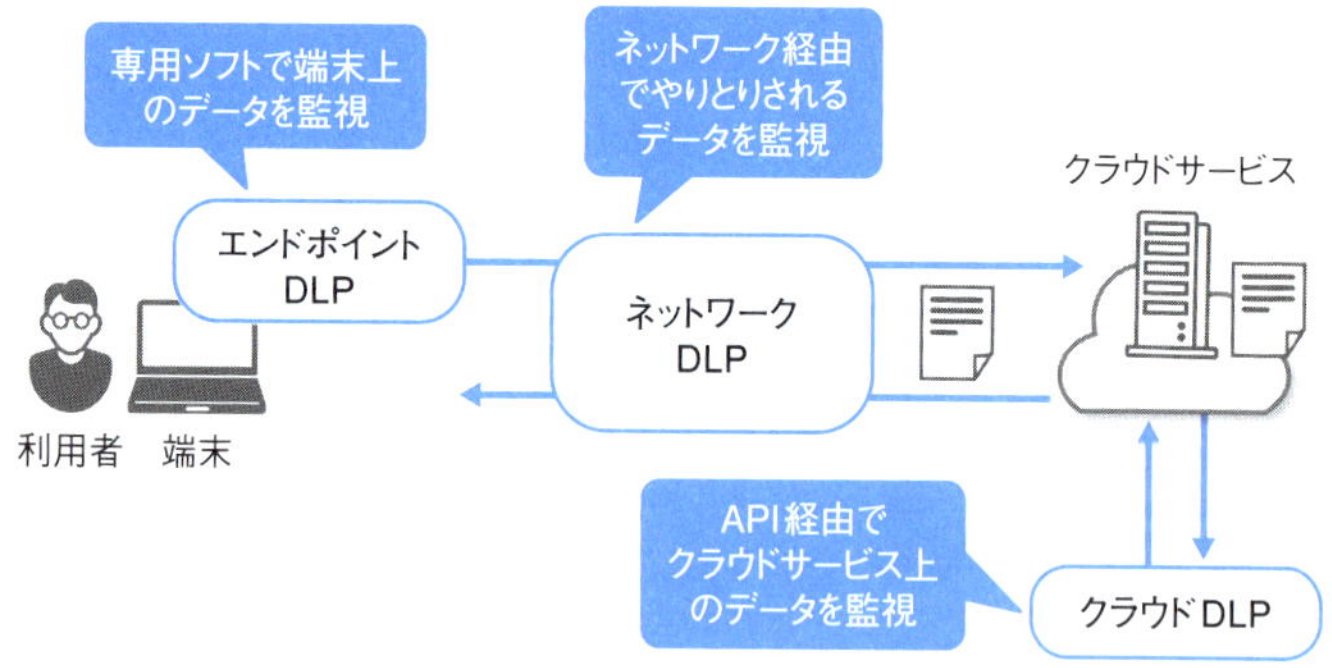

図3-7　情報漏洩防止（DLP）の概要

エンドポイントDLPは端末にエージェントソフトを導入する方式で、端末内にあるファイルのコピーやメール送信などを制御したり、USB接続した外部ストレージなどへの保存を制御したりできる。ネットワークDLPはネットワークを流れるデータをリアルタイムに監視することで、情報漏洩のリスクを低減したりコンプライアンス対応をしたりする。クラウドDLPは別のクラウドサービスにあるデータの漏洩を防ぐ。クラウドサービスが公開するAPIを呼び出して連携し、保管されているファイルの中身をチェックしたり、ファイルのダウンロードを禁止したりできる。

従来は情報漏洩防止（DLP）と言えばエンドポイントDLPやネットワークDLPを指していた。製品自体は2000年代から提供されているが、セキュリティー、特に情報漏洩を気にする企業以外では導入はあまり進んでいなかった。従来ネットワークDLPは専用アプライアンス（専用のハードウエアにソフトウエアをインストールした状態で販売される機器）として提供されるのが普通で比較的高額だったからだ。

最近はクラウドサービスとしても提供されており、導入のハードルが大きく下がっている。

クラウドDLPは導入が容易なだけでなく、別のクラウドサービスと連携しやすい利点もある。このためクラウドサービスを組み合わせて実現するゼロトラストのピースの1つとして考えられている。なおクラウドDLPは、クラウド・アクセス・セキュリティー・ブローカー（CASB）の一機能として提供されることが多い。セキュアWebゲートウエイ（SWG）の一部として提供される場合もある。この機能により、許可されていないクラウドサービスなどに利用者の端末から機密情報がアップロードされることを防ぐ。

データに着目して機密情報を保護

ゼロトラストにおける情報漏洩防止（DLP）は、ネットワークの特定の場所ではなく、やりとりされるデータ（ファイル）に着目して機密情報を保護する。ここが従来のセキュリティーと考え方が違う重要なポイントだ。以前の境界防御の考え方においては、ファイアウオールなどによって守られた社内ネットワークを信頼できる安全な場所と認識し、保護すべきファイルはその中にとどめ置く、という手法が採られていた。

繰り返しになるがゼロトラストの考え方においては、社内ネットワークを安全な場所とは見なさない。またファイルの社外持ち出しを禁止するという手法は、リモートワークが必須となった現在においては従業員の生産性を大きく阻害する。社内であっても社外であっても、クラウド上であっても機密情報を保護できる対策が求められており、それに情報漏洩防止（ＤＬＰ）が合致した。ファイルの暗号化と組み合わせれば、社外に持ち出した端末を紛失した場合などの対策にもなる。

情報漏洩防止（ＤＬＰ）においては、どのような情報をどう保護するのか「ルール」を設定する。機密情報を定義して検出できるようにするルールと、機密情報を検出したときに実行するアクションを定義するルールの２つを定める。これらのルールをＤＬＰポリシーと総称する。

従来は機密情報を含むファイルに対してキーワードなどに基づくタグ（メタデータ）を付与し、情報漏洩防止（ＤＬＰ）はタグの種類によってファイルに機密情報が含まれるかどうかを判断していた。つまりファイル１つひとつに対して個別にタグを付与する必要があった。それに対して近年の情報漏洩防止（ＤＬＰ）は、ファイルの中に含まれるキーワードや、キーワードがファイル中に存在する数などを機密情報の検出のルールとして定義し、ルールに合致するファイルをリアルタイムで検出できるようになった。また画像に含まれる手書きの文字などをＡＩ（人工知能）が認識して、機密情報を見つけ出せるようになってもいる。

キーワードに基づくルールについては、ＤＬＰベンダーがあらかじめテンプレートを用意しているほか、利用者が追加でルールを設定することも可能だ。ＤＬＰベンダーが用意するテンプレートとしては「マイナンバーだと考えられる数字列や住所、氏名などが含まれていたら個人情報だと判断する」といったものが代表例となる。

このほか、業界や国ごとに異なるコンプライアンス規則に基づいて機密情報を探し出せるテンプレートなどがある。検出するキーワードを一括して設定できるため、ファイルごとにタグを付与する必要があった従来の方法と比べて、機密情報を定義する手間が省けたり、見落とすリスクが低減したりしている。

漏洩リスクを検出した際の情報漏洩防止（DLP）のアクションとしては、データの送信や共有をブロックしたり、管理者に通知を送ったりするようなものなどがある。これまではファイルに対するタグ付けの運用負荷が高く、日本ではあまり情報漏洩防止（DLP）が普及していなかった。そのため「内容を問わず、ファイルの社外への持ち出しは禁止する」といった対策が採られることが多かった。

キーワード検索に基づく情報漏洩防止（DLP）が主流になることで、運用負荷は大きく下がった。またリモートワークの普及によって、ファイルの社外持ち出しに対するニーズが高まっている。ゼロトラストに必要な機能の1つとして、今後は普及する可能性が高い。

エンドポイント・ディテクション&レスポンス（EDR）
端末への攻撃を検知、被害拡大阻止や自己修復も

エンドポイント・ディテクション&レスポンス（EDR）は端末（エンドポイント）を守るセキュリティー製品あるいは技術である（**図3-8**）。「ディテクション」とは検出や検知、

図3-8　エンドポイント・ディテクション&レスポンス（EDR）が備える機能

検知 マルウエア感染などが疑われる異常な挙動を自動検出

封じ込め 不審なプログラムを停止・通信を遮断

調査 侵入に使われた脆弱性や感染範囲などを調査

修復 マルウエアに書き換えられたファイルなどを修復

「レスポンス」とは応答や対策という意味。マルウエアなどの侵入をいち早く検出し、被害が拡大する前に対策を講じる。

エンドポイント・ディテクション&レスポンス（EDR）はウイルス対策ソフトと併用する形で、パソコンなどの端末にエージェントと呼ぶ専用ソフトを組み込んで使うのが一般的だ。エンドポイント・ディテクション&レスポンス（EDR）のEDRと対比させるために、ウイルス対策ソフトをエンドポイント・プロテクション・プラットフォーム（EPP）と呼ぶ場合もある。エンドポイント・プロテクション・プラットフォーム（EPP）がマルウエアへの感染防止を主眼とするのに対し、エンドポイント・ディテクション&レスポンス（EDR）は「マルウエア感染後の被害の食い止め」に重点を置くところが異なる。

エンドポイント・ディテクション&レスポンス（EDR）は主に「検知」「封じ込め」「調査」「修復」の機能を備える。検知は、エージェントを使って端末を監視し、マルウエア感染やサイバー攻撃を検知する機能である。

２種類の方法で端末を守る

エンドポイント・ディテクション＆レスポンス（ＥＤＲ）は主に２種類の手法で検知する。１つは、端末のイベントログなどから感染や攻撃の痕跡を見つけ出す手法だ（図３－９）。エンドポイント・ディテクション＆レスポンス（ＥＤＲ）は端末に導入したエージェントを使い、端末の様々な情報を収集して記録する。対象とする情報はファイルの作成やプロセス（プログラム）の起動、レジストリー（ＯＳ内部動作の設定ファイル）の変更など多岐にわたる。

エンドポイント・ディテクション＆レスポンス（ＥＤＲ）はこうして記録したデータをクラウド上のサーバーに集めて解析し、攻撃の痕跡を探す。痕跡とは例えば、攻撃や侵入を受けた端末に残される「マルウエア関連のファイルやファイル名」、アクセス記録の中の「攻撃に利用される外部サーバーのＩＰアドレスやＵＲＬ」、レジストリーに残された「マルウエア感染時に変更されるレジストリー名や値」などだ。ベンダーやセキュリティー組織などから「ＩＯＣ（インディケーター・オブ・コンプロマイズ）」と呼ばれるサイバー攻撃の痕

図3-9　エンドポイント・ディテクション&レスポンス（EDR）による検知と封じ込めの概要

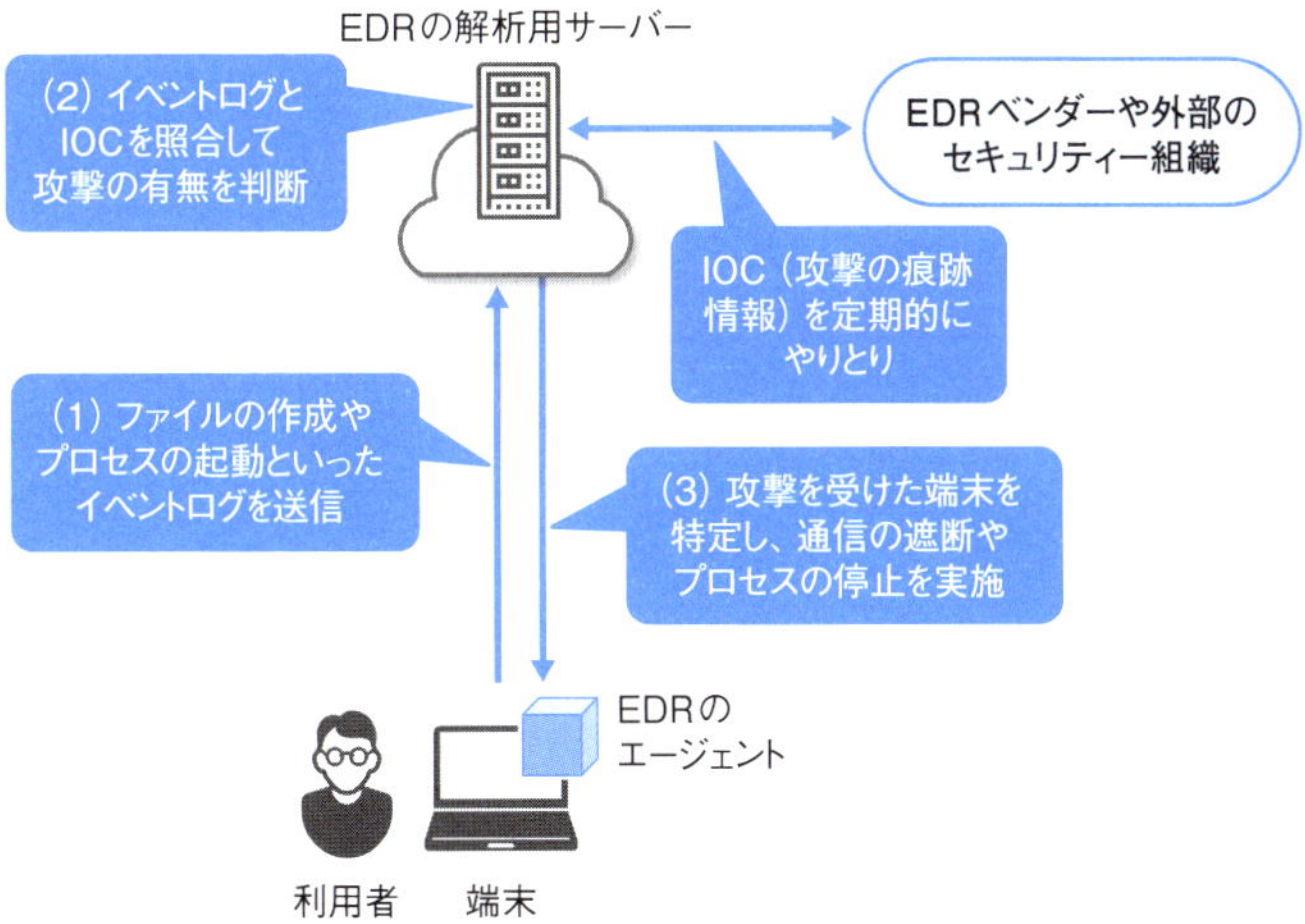

振る舞い検知

跡情報を入手し、解析に役立てる。

エンドポイント・ディテクション＆レスポンス（ＥＤＲ）が備えるもう1つの検知手法は、端末の「サイバー攻撃と疑わしい振る舞い」を動的に検知するものだ。前者が過去データに基づく静的な検知とすれば、後者はリアルタイム情報に基づく動的な検知といえる。不審な人物の行動をカメラで監視する警備員のように、エンドポイント・ディテクション＆レスポンス（ＥＤＲ）のエージェントやクラウド上のサーバーに組み込んだ検知ロジックが、攻撃時に発生する特徴的な振る舞いを検知する。

封じ込めは、被害の拡大を食い止める機能である。マルウエア感染が疑われる端末に対し、管理者が遠隔から通信を遮断したり、マルウエアと思われるプロセス（プログラム）を停止したりする。マルウエアの多くは、インターネット上に設置された「Ｃ＆Ｃ（コマンド＆コントロール）サーバー」を経由して攻撃者とやりとりする。その通信を遮断すれば攻撃者からの命令はマルウエアに届かず、盗んだ情報が社外に送られることも阻止できる。

調査は、管理対象としているすべての端末のログを集約して分析する機能である。侵入の経路や感染源の端末、感染の広がり方、外部への通信の痕跡などを時系列で分析し、結果をシステム管理者などに報告する。自社がサイバー攻撃の対策組織であるCSIRT（コンピューター・セキュリティー・インシデント・レスポンス・チーム）を設けていれば、速やかなインシデント対応に役立つ。

修復は、端末の状態を基に戻す機能である。マルウエアによって変更されたレジストリーの値を元に戻したり、感染の原因となったファイルや感染後に作成されたファイルなどを削除したりする。

まとめ

1 ゼロトラストはクラウドサービスを組み合わせて実現する。最近はゼロトラストに必要なセキュリティーの機能を提供するクラウドサービスが登場しており、一般の組織でもそれらを組み合わせたゼロトラストを導入しやすくなっている。クラウドサービスは社内ネットワークといった場所の制限を受けないし、一般の組織で進む業務アプリケーションのクラウドシフト方針との整合性も高い。

2 ゼロトラストで使われるセキュリティーの機能それぞれは以前から存在する。当初はオンプレミスで提供されており、導入費用がかかるなどの難点があったが、クラウドサービス化した結果、初期の導入費用の低減やスモールスタートが可能といった点で導入へのハードルが低くなっている。

3 サービスの多くは外部と連携するためのAPIなどを提供する。そのため異なるベンダーが提供するサービスを連携させたゼロトラストの実現が比較的容易だ。

表3-1　ゼロトラストで必要になるセキュリティーの技術

名称	概要
アイデンティティー＆アクセス管理 IAM:Identity and Access Management	利用者のIDおよび属性情報とアクセスポリシーに基づいて、利用者の認証やアプリケーションなどへの認可を管理
アイデンティティー認識型プロキシー IAP:Identity-Aware Proxy	VPNを利用せずに、社内業務アプリケーションなどへの外部からのアクセス手段を提供
エンドポイント・ディテクション＆レスポンス EDR:Endpoint Detection and Response （エンドポイントの検知と対応）	端末へのサイバー攻撃を防御する。異常の検知、被害拡大の食い止め、自己修復などの機能を備える
クラウド・アクセス・セキュリティー・ブローカー CASB（キャスビー）:Cloud Access Security Broker	利用者のクラウドサービスの利用状況を可視化する
情報漏洩防止 DLP:Data Loss Prevention	重要ファイルの外部送信などを監視し、重要情報の漏洩を防止する
セキュアWebゲートウエイ SWG:Secure Web Gateway	利用者のインターネットアクセスを管理、必要に応じてアクセス制御を実施する
セキュリティー情報イベント管理 SIEM（シーム）:Security Information and Event Management	組織の管理下にある機器やクラウドサービスなどのログを集約および解析してサイバー攻撃の予兆や異常を検出
多要素認証 MFA:Multi-Factor Authentication	複数の認証要素（認証方法）を使って正規の利用者かどうかを確認する認証方式
モバイルアプリケーション管理 MAM:Mobile Application Management	利用者の端末で実施するアプリケーションを管理。業務用アプリだけ隔離する機能も備える
モバイルデバイス管理 MDM:Mobile Device Management	利用者の端末を管理。データのリモート消去などもできる
リスクベース認証	利用者や端末の状況から認証の基準や方法を動的に変更する認証手法

第4章

ゼロトラストを強化する連携

サービスの連携で守りを固める

前章までで解説したように、ゼロトラストではクラウドサービスを連携させて利用者や端末、データなどを境界の力を借りずに守る。「これさえ導入すればゼロトラストを実現できる」といったサービスは存在しない。「ゼロトラスト対応」などと喧伝されているクラウドサービスは存在するが、多くはゼロトラストを実現するためのピースの1つにすぎない。ちょうどファイアウォールやUTM(統合脅威管理)を「境界防御対応製品」とうたうようなもので、間違ってはいないがやや紛らわしい宣伝文句といえる。

ゼロトラストの考え方でクラウドサービスを組み合わせたセキュリティーを構築する場合に連携の中心になるのは、認証・認可をつかさどるアイデンティティー&アクセス管理(IAM)だ(図4-1)。認証・認可はゼロトラストの要である。アイデンティティー&アクセス管理(IAM)を中心に、前章で紹介した他の様々なクラウドサービスと連携させて、境界を使わない守りを実現する。それぞれのクラウドサービスが提供する機能自体は目新しいものではない。境界防御でも利用されている機能がほとんどだ。ただ、それらを連携させ

図4-1　ゼロトラストにおけるクラウドサービスの連携例

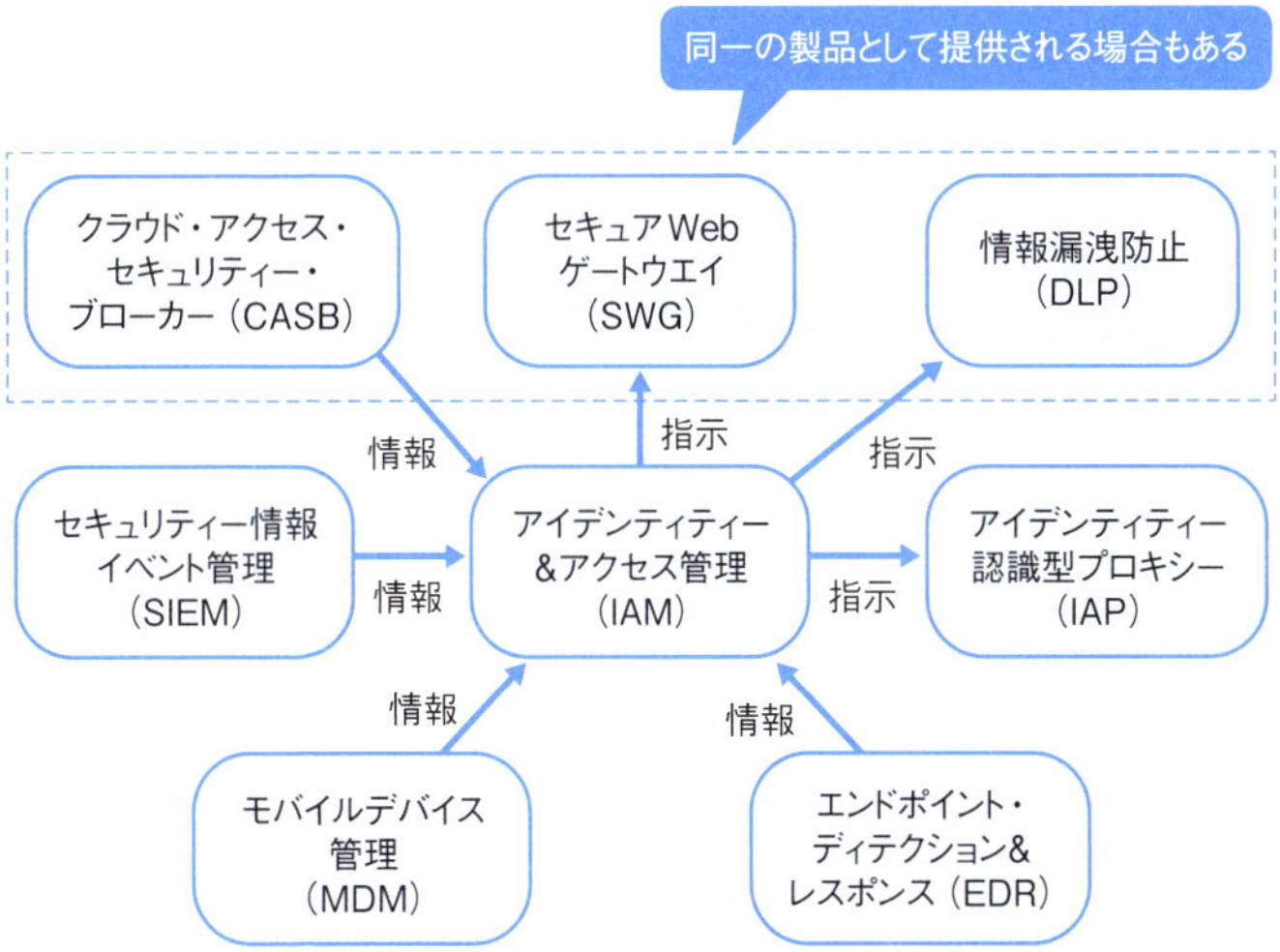

る点が大きく異なる。

境界防御の社内ネットワークでも複数のセキュリティー機能やサービスを連携させることは可能だ。例えば、利用者の端末にインストールされたウイルス対策ソフトがマルウエアを検知したら、そのマルウエアが使用するポートをファイアウオールで塞ぐといった具合だ。ただ、連携の範囲は限られるし、場合によってはそのためにシステムの作り込みを必要とする。

クラウドサービスの利点の1つは多くが最初からサービス間の連携を前提にしているところだ。連携動作が自動化されているケースが多いので管理の手間もかからない。「どの属性や環境の利用者に、どんな権限を与えるのか」といったポリシーさえ決めておけば、クラウドサービスが利用者の属性や環境をチェックして、適切な権限を与える。同じ属性の利用者であっても、アクセス元が変わるなど環境が変化した場合には、リアルタイムで権限を変更するといったことも可能になる。

攻撃者が有利な「インターネット脅威モデル」

「クラウドサービスで利用者や端末、データなどを守る」と言ってもピンとこないかもしれない。そこでもう少し詳しく「何から」守るのかを考えてみよう。

情報セキュリティーには「脅威モデル」という考え方がある。ある環境や状況を想定し、攻撃者ができる可能性がある行為を最大限で定義したものだ。攻撃者が何をできるかを正確に把握しないと、どうやったら守れるか、どう守るか、その守り方の有効性がどれくらいかなどを検討できない。

インターネット環境の脅威モデル「インターネット脅威モデル」では、攻撃者はネットワークを流れるいかなるデータも読むことができ、検知されることなくデータを偽装できると定義する。インターネットに直接接続された端末や利用者、データを含むコンピューターなどのリソースは、インターネット脅威モデルに対抗可能な防御が求められる。境界防御は、インターネット脅威モデルに対抗するために、守るべきリソースをすべて境界の中に収め、境界を堅く守ることで、リソースそれぞれが個別に防御する必要をなくしている。

インターネット脅威モデルを前提に考えると、ゼロトラストでは、個々のリソースはインターネットという信頼できない環境の中に「丸裸」で置かれていると想定し、この状態で守り切るための方策を構築する。そこで重要になるのが、データを読まれないための暗号化と、認証・認可によるアクセス制御である。インターネット脅威モデルでは、攻撃者はネットワークを流れるデータを自由に読めるのが前提だ。そこで、データを読まれてもその内容が分からないように暗号化するのである。

もう1つ重要なのがアクセス制御である。利用者認証を実施して、正規の利用者以外にはリソースにアクセスさせないようにする。また、企業のポリシーに基づいて、適切なアクセス権限を付与する。いわゆる認可である。

実は、インターネット脅威モデルに対抗する基本的な仕組みは、20年前以上から使われている。それはHTTPS（TLS）を使ったWebアクセスである。HTTPSはWeb

暗号化
認証
認可

アクセスコントロール
なりすまし対策

サーバーとＷｅｂブラウザーの間の通信を暗号化して経路上での盗聴を防ぐ仕組みと、デジタル証明書を使ってそのＷｅｂサーバーが偽物ではないと、Ｗｅｂブラウザーが確認できる仕組みを組み合わせている。Ｗｅｂサーバー側はパスワードなどでＷｅｂブラウザー（利用者）を認証できる。暗号化でデータへの不正アクセスを防ぎ、認証や認可によるアクセス制御で利用者や端末を守るイメージだ（図4－2）。

ゼロトラストも同様の方法で実現できる。利用者の端末と業務アプリケーションでやりとりするデータを暗号化し、業務アプリケーションそれぞれに適切なアクセス制御を実施するのである。これによりそれぞれのリソースを守る。

シングルサインオン（ＳＳＯ）で業務アプリケーションを利用

とはいえ、幾つもある業務アプリケーションそれぞれでアクセス制御を実施するのは現実的ではない。そこでアイデンティティー＆アクセス管理（ＩＡＭ）にアクセス制御を一任して、シングルサインオン（ＳＳＯ）を実現する。

図4-2　インターネット脅威モデルへの対抗策

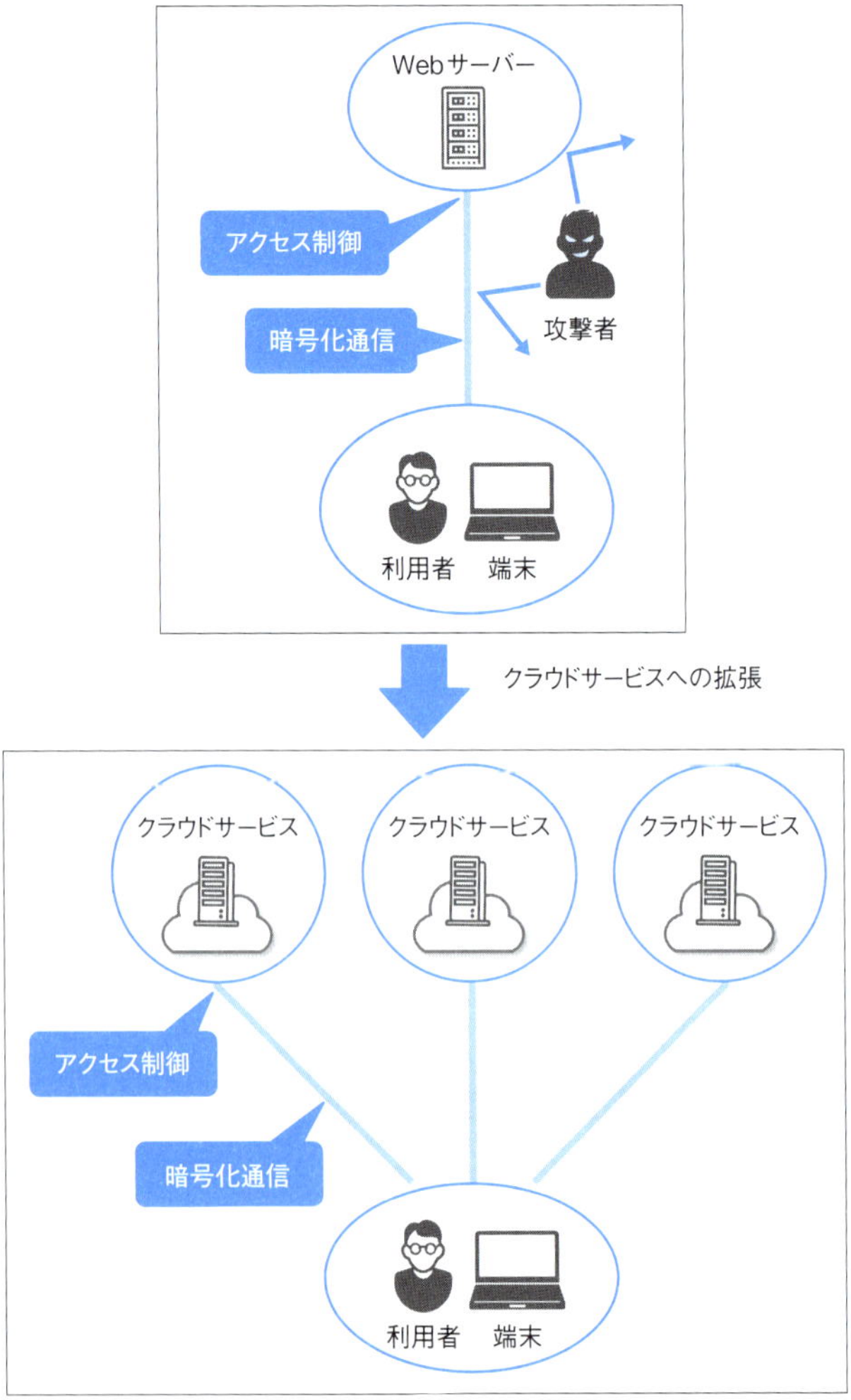

利用者はまずアイデンティティー&アクセス管理（IAM）にアクセスし、利用者認証を実施。正当な利用者の場合には、その利用者に応じたアクセス権限を付与して、クラウドサービスにアクセスできるようにする。アイデンティティー&アクセス管理（IAM）はゼロトラストの要となるサービスである。第1章の冒頭でゼロトラストを説明した図1-1に登場した「関所」は、アイデンティティー&アクセス管理（IAM）とそれを使ったシングルサインオン（SSO）環境を意味する。

アクセスの対象はクラウドサービスに限らない。社内ネットワークに設置した業務アプリケーションにもアクセスする必要がある。そこでアイデンティティー認識型プロキシー（IAP）をアイデンティティー&アクセス管理（IAM）と連携させる（図4-3）。これにより、クラウドサービスと業務アプリケーションのアクセス制御を一元管理できる。利用者も両者にシームレスにアクセスできる。アイデンティティー認識型プロキシー（IAP）は第2章の図2-5で説明した「業務アプリケーションにアクセスするための関所」に当たる。

「とにかくVPNをやめたいが、業務アプリケーションのすべてをクラウドサービスに移

図4-3　シングルサインオン（SSO）と脱VPNを実現

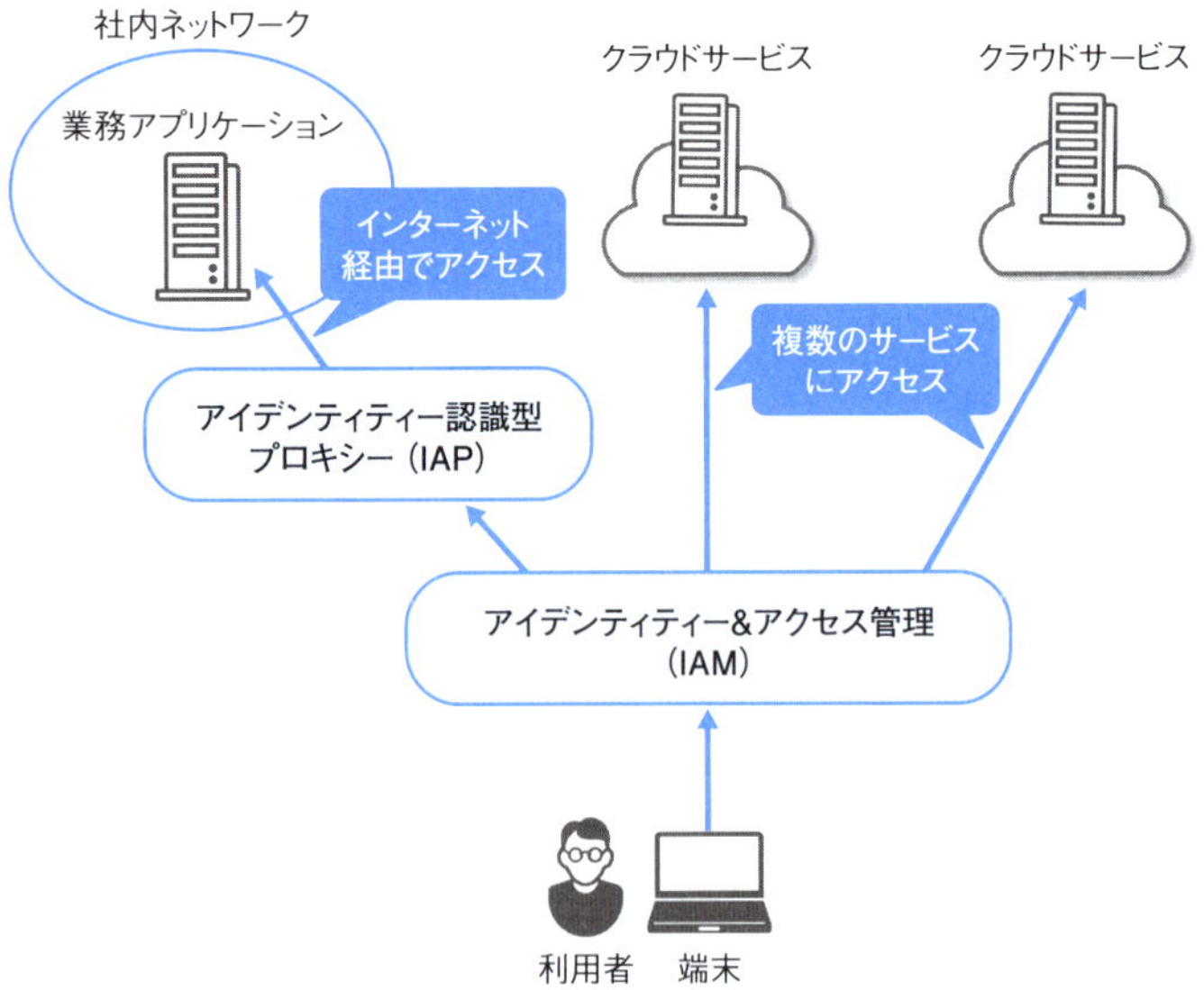

行するのは難しい」という組織は多いはずだ。その場合には、アイデンティティー&アクセス管理（IAM）とアイデンティティー認識型プロキシー（IAP）を導入すれば脱VPNは実現できる。さらに社内ネットワークにいる利用者も、クラウドサービスのアイデンティティー認識型プロキシー（IAP）を経由して社内の業務アプリケーションにアクセスする運用にすれば社内ネットワーク内を含めて「信頼しない」厳格なゼロトラストになる。

手間に思えるがセキュリティーレベルは向上する。攻撃者は社内ネットワークに侵入しても、アイデンティティー認識型プロキシー（IAP）という関所を通らないと業務アプリケーションにアクセスできない。これは「社内ネットワークにいる利用者も信頼しない」というゼロトラストを見事に実現している。とはいえ、完全なゼロトラストではない場合、つまり境界防御と併用している場合にはここまではやらない運用も現実的な選択肢である。社内からのアクセスについては、アイデンティティー認識型プロキシー（IAP）を経由せず、従来通り直接業務アプリケーションにアクセスするという運用はあり得る。

サービスの組み合わせで認証を強固に

アイデンティティー＆アクセス管理（ＩＡＭ）とアイデンティティー認識型プロキシー（ＩＡＰ）の組み合わせで、利用者の利便性は大いに高まる。前述のようにＶＰＮで社内ネットワークに接続する必要がなくなる。クラウドサービスへのアクセスのために社内ネットワークのファイアウォールを経由する必要もなくなる。

関所となるアイデンティティー＆アクセス管理（ＩＡＭ）とアイデンティティー認識型プロキシー（ＩＡＰ）に利用者のアクセスが集中するがこれらはクラウドサービスなので、スケーラビリティーに優れる。境界防御のＶＰＮ製品やファイアウォールとは異なり、これらがボトルネックになる恐れはない。だが一方でセキュリティーの懸念は増大する。境界防御とは異なり、ゼロトラストには物理的なセキュリティーが存在しない。どのような機器でもアイデンティティー＆アクセス管理（ＩＡＭ）にアクセスできる。

このため、なりすましなどによる不正アクセスのリスクが境界防御とは比較にならないほ

※IAPはクラウドへ
負荷が高ければ
調整できる

ど高い。社内ネットワークではIDとパスワードだけで利用者認証を実施していたとしても、それは境界によってある程度のセキュリティーが担保されていたために可能だったことなのだ。このように考えると、ゼロトラスト環境における認証は、パスワードなどの知識情報だけではなく、所有物や生体情報による認証も組み合わせた多要素認証（MFA）が不可欠であると分かる。特に重要なのが端末の認証だ。アクセスできる端末の制限でセキュリティーレベルは飛躍的に増大する。

ゼロトラストでは、リスクベース認証の導入も検討すべきだ。リスクベース認証とは、アクセスしている利用者や端末の環境によって認証強度を変更する認証方式である。利用者や端末に関する情報を何らかの方法で入手して、それによっていつもは許可しているアクセスを遮断したり、利用者認証の要素を増やしたりする。

例えば、同じ利用者および端末からのアクセスであっても、端末にマルウエア感染の兆候が見られる場合には遮断する。あるいはアクセス元の地域がいつもとは異なる場合にはなりすましの恐れがあるとして、通常の認証要素に指紋認証を追加するといった具合だ。従来リスクベース認証は金融分野など、厳格なセキュリティーが要求される分野だけに用いられてきた。代表例がクレジットカードである。今までに利用したことのない国や地域での利用が確認されると、すぐに所有者に連絡してそれ以上の悪用を防ぐ。

だが、端末の状態を管理するモバイルデバイス管理（MDM）やモバイルアプリケーション管理（MAM）とアイデンティティー&アクセス管理（IAM）を連携させれば、比較的簡単にリスクベース認証を導入できる（**図4-4**）。モバイルデバイス管理（MDM）から取得した端末の状態の情報を基に、認証の可否や手法、認可する権限を切り替えればよい。さらに端末のセキュリティーの異常を検知するエンドポイント・ディテクション&レスポンス（EDR）と連携させる場合もある。

そもそも、すべてを信頼しないというゼロトラストでは、リスクベース認証は決してオーバースペックではない。サイバー攻撃は高度化の一途をたどっており、APT（高度標的型）攻撃のように守り切れない攻撃も増えている。守るべきリソースの重要度によっては、多要素認証（MFA）はもちろん、リスクベース認証の導入も検討すべきだろう。

MDM/MAMと
連携して
リスクベース認証

図4-4　連携してリスクベース認証を実現

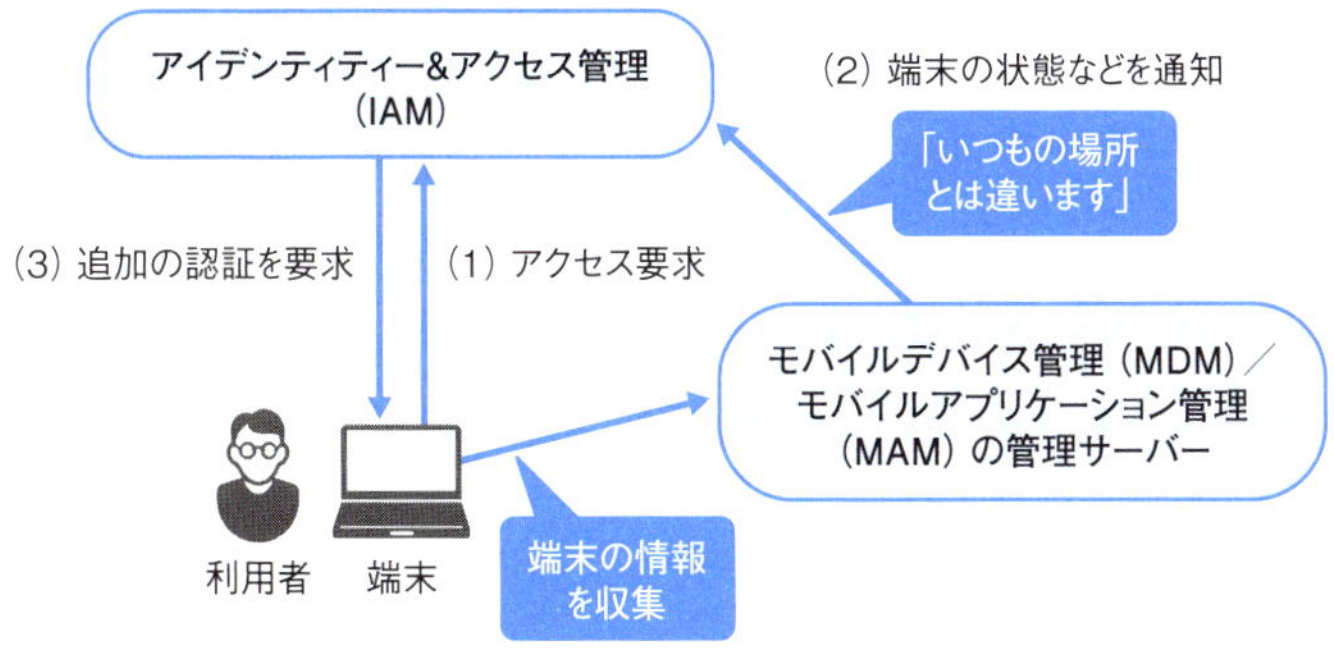

不正アクセスの監視は不可欠

暗号化や厳格な利用者認証を実施しているとしても、境界という守りがないゼロトラストは絶えず危険にさらされていると考えるべきだ。そこで重要になるのが、業務アプリケーションや利用者の端末などが出力するログの分析である。様々な機器のログを収集して分析すれば、サイバー攻撃やシステムトラブルの兆候をいち早く検知し、影響を最小限にとどめることができる。

それを実現するのがセキュリティー情報イベント管理（SIEM）だ。前述のモバイルデバイス管理（MDM）やエンドポイント・ディテクション&レスポンス（EDR）と同様に、セキュリティー情報イベント管理（SIEM）もアイデンティティー&アクセス管理（IAM）と連携する。セキュリティー情報イベント管理（SIEM）自体は2000年代から製品が市場に出ている。だが普及は進んでいない。コストがかかり、境界防御の環境ではオーバースペックと考えられていたためだ。機器が出力するログは膨大なので、ストレージの確保にコストがかかった。分析も容易ではない。膨大なログをリアルタイムで分析するには高スペックのハードウェアが必要であるし、分析結果からサイバー攻撃の兆候を見抜く芸当は経験の浅いシステム管理者では難しい。

だが、セキュリティー情報イベント管理（ＳＩＥＭ）がクラウドサービスになった結果、導入のハードルは低くなった。クラウドサービスならストレージと計算能力を自社で用意しなくても導入できる。またＡＩ（人工知能）の活用により分析も自動化されている。例えばＡＩが業務アプリケーションのログとネットワーク機器のログを照合して不正アクセスの痕跡を見つけ出し、管理者に報告するといったことが可能になっている。

クラウドサービスの利用状況を可視化するクラウド・アクセス・セキュリティー・ブローカー（ＣＡＳＢ）もゼロトラストを実現するうえで重要度が高いサービスの1つだ。クラウド・アクセス・セキュリティー・ブローカー（ＣＡＳＢ）はクラウドサービスの利用拡大とともに市場に登場した製品・サービスだが、十分に浸透していたとは言いがたい。だがクラウドサービスの利用を前提としたゼロトラストでは、その重要度は大きく高まったといえる。

クラウドサービスのＡＰＩ経由で情報を収集するクラウド・アクセス・セキュリティー・ブローカー（ＣＡＳＢ）は、セキュアＷｅｂゲートウエイ（ＳＷＧ）と連携することで不正利用などをリアルタイムで検出および遮断できるようになる（図4-5）。前述したように、両者が同一のサービスとして提供されることも多い。

リスクベース認証やセキュリティー情報イベント管理（ＳＩＥＭ）、クラウド・アクセス・セキュリティー・ブローカー（ＣＡＳＢ）といった技術や製品・サービスは以前から存在しており目新しいものではないが、これまではコストや負荷が高いとして積極的に導入する一般企業は少なかった。だがゼロトラストでは、一般の企業や組織においても今まで以上の厳格なセキュリティーが求められる。リスクベース認証やセキュリティー情報イベント管理（ＳＩＥＭ）、クラウド・アクセス・セキュリティー・ブローカー（ＣＡＳＢ）などは決してオーバースペックではない。これらのクラウド化やＡＩ活用なども導入を後押しする。境界防御時代に導入を検討して断念した企業も、認識を新たにすべきだろう。

図4-5　クラウドの利用状況を把握

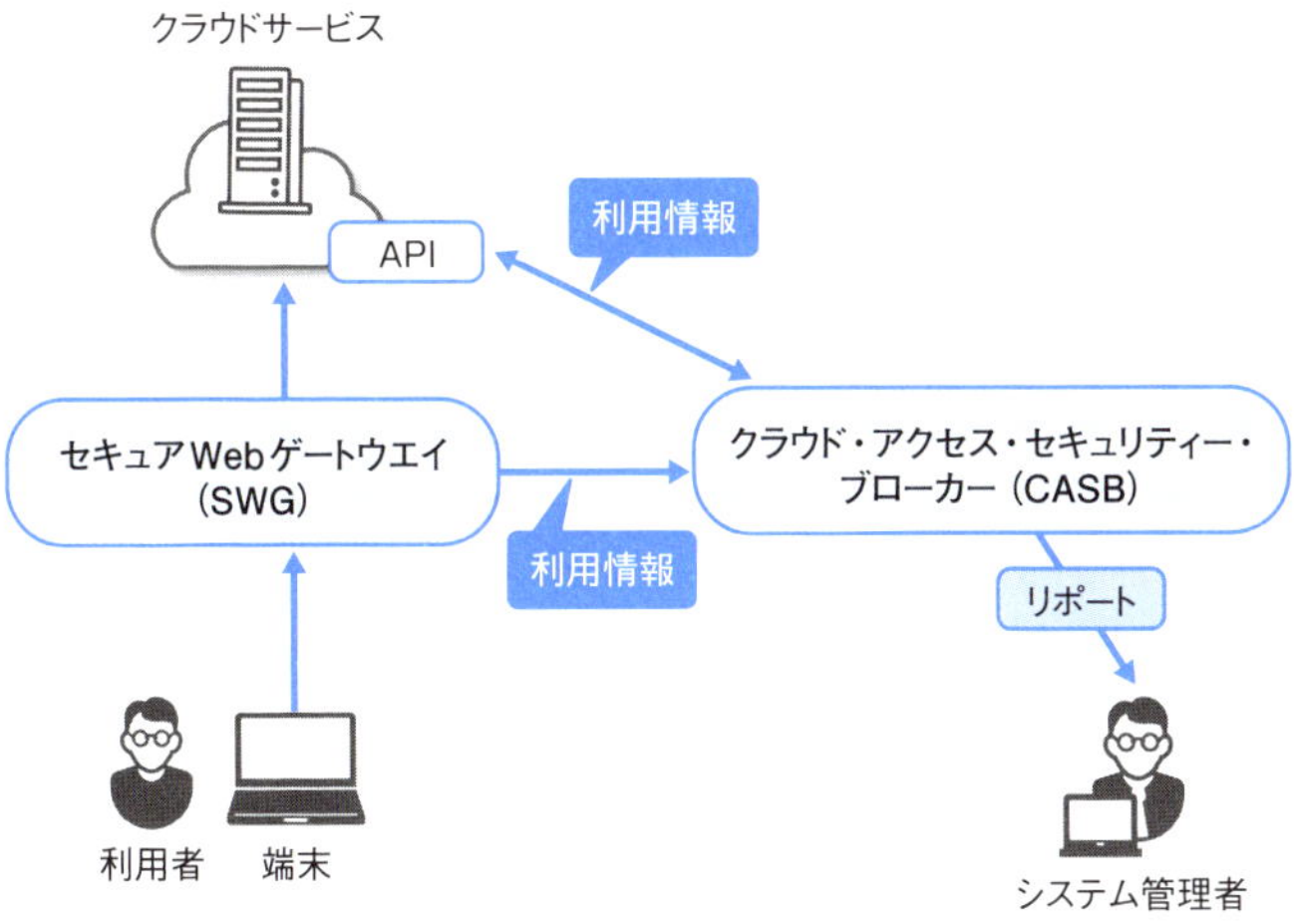

まとめ

1 ゼロトラストは単独の製品やサービスを導入しても実現できない。複数のクラウドサービスを組み合わせる必要がある。

2 組み合わせ方は無数にある。また、関連するすべてのサービスを必ず利用しなければいけないわけでもない。組織によって利用するサービスの種類や組み合わせ方の最適解は異なる。

3 利用するサービスのほとんどは以前から提供されているが、従来の境界防御ではオーバースペックと感じられ、コスト面の負担も大きかったため、一般の組織には導入されていないサービスが多い。

4 セキュリティー情報イベント管理（SIEM）やクラウド・アクセス・セキュリティー・ブローカー（CASB）などはゼロトラストの構築で重要度が高いサービスである。

またクラウド化で導入のハードルが大きく下がっている。

5 境界の守りのないゼロトラストでは、セキュリティーレベルを高めないと組織のリソースを守れない。複数のサービスを巧みに組み合わせることで、脱VPNといった利便性だけではなく境界に頼らない防御が可能になる。

第5章

ゼロトラストの導入手順

米グーグルですら8年を要した

ゼロトラストはセキュリティーの考え方であり、実装方法や実現するセキュリティーレベルは様々だ。境界防御に正解がないのと同じように、ゼロトラストにも正解はない。組織によって最適解はそれぞれ異なるはずだ。この章ではゼロトラストの大まかな導入手順を紹介する（**図5-1**）。実際に境界防御からゼロトラストへの転換を実施した企業の事例などを参考にしている。もちろん、この通りにしなければならないわけではない。また、組織によってはすべてのサービスを導入する必要もない。

当時はまだ、実際に導入した前例がない状況だったとはいえ、米グーグルでさえもゼロトラストの完全な導入には8年の月日を費やしている。一般の企業や組織が一足飛びに完全なゼロトラストに移行するのは不可能だと考えるべきだろう。既にゼロトラストを導入し、運用を始めている企業の多くも、従来の境界防御と併用しつつ、ゼロトラストを部分的に導入していく現実解で移行するケースがほとんどだ。

図5-1　ゼロトラストの導入手順例

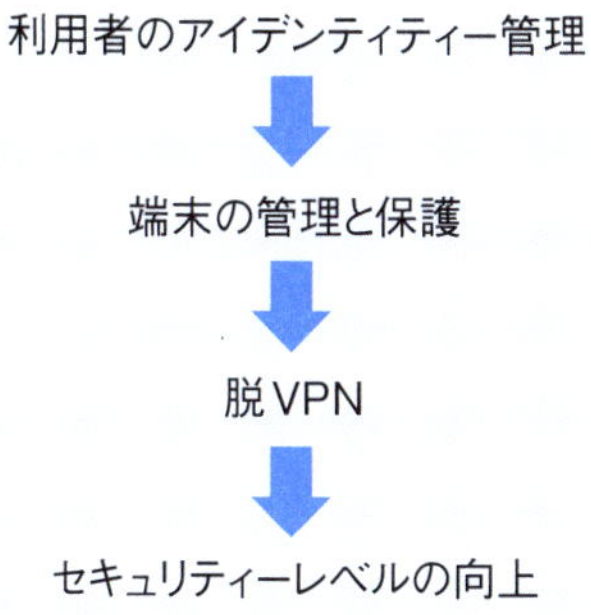

第一歩は利用者のアイデンティティー管理

ゼロトラストでは、「利用者を信頼しない」という前提に基づいている。このためゼロトラストの第一歩は、利用者のアイデンティティーを管理して、厳格なアクセス制御を施すところから始まる。これらを実現するには、アイデンティティー＆アクセス管理（ＩＡＭ）の導入が不可欠になる。利用者全員の氏名や属性などをデータベース化するとともに、属性ごとにアクセスポリシーを設定する。組織の人員を管理する人事データベースなどとアイデンティティー＆アクセス管理（ＩＡＭ）を連携させてもよいだろう。これがゼロトラスト導入の第一歩となる。

既に厳格な境界防御を採用している組織であれば、アイデンティティー＆アクセス管理（ＩＡＭ）を導入して、まずはクラウドサービスへのアクセスだけをゼロトラスト化するといったシナリオが考えられる（**図5-2**）。この場合、社外の利用者はもちろん、社内の利用者についてもアイデンティティー＆アクセス管理（ＩＡＭ）を利用してクラウドサービスにアクセスするように運用し、一元管理するのが合理的だ。

図5-2　アイデンティティー&アクセス管理（IAM）の導入イメージ

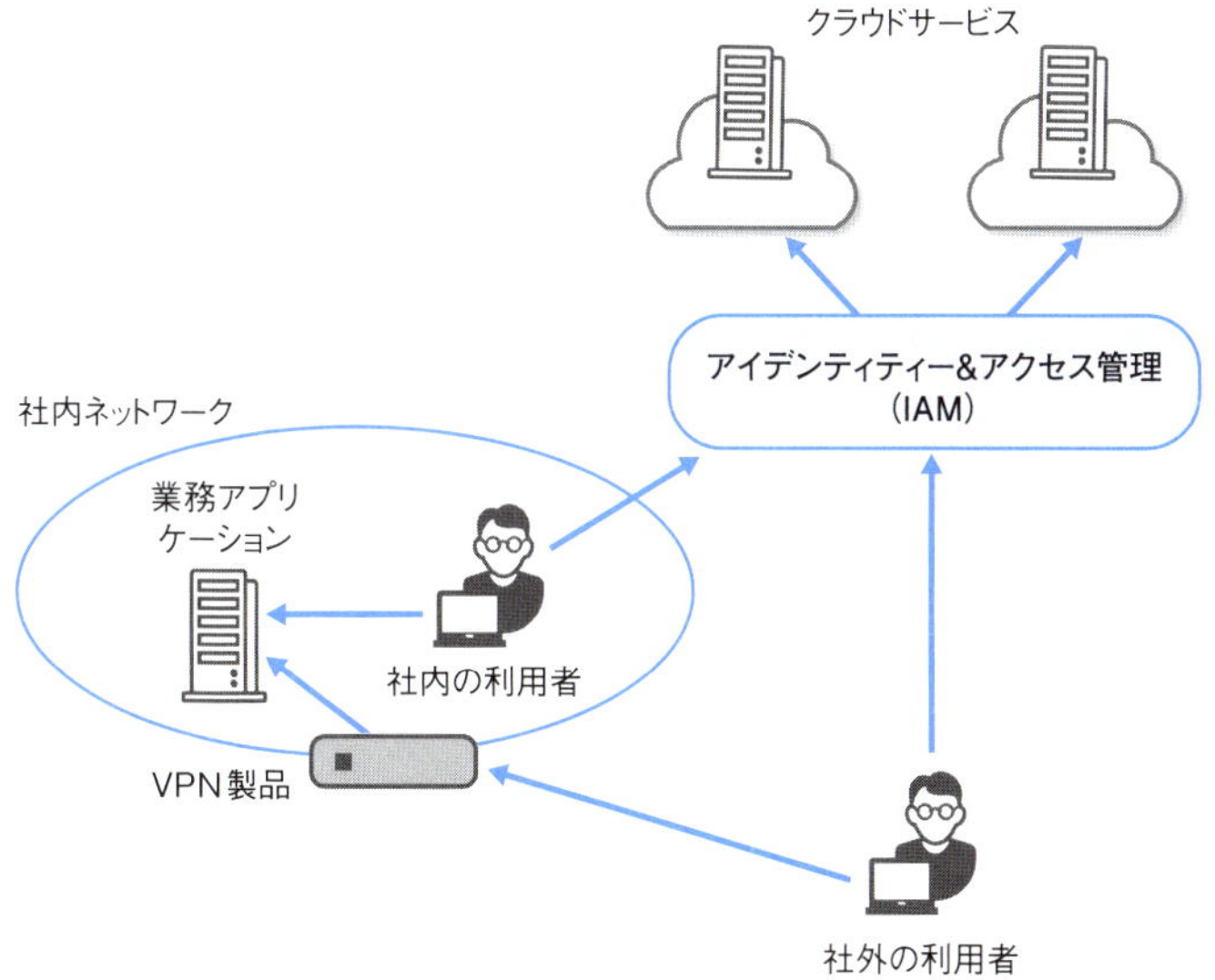

境界防御では、社外の利用者はVPNで社内ネットワークにいったんアクセスして、社内ネットワークのプロキシーサーバーやファイアウォールなどを経由してクラウドサービスにアクセスするといった構成を採るケースが多い。アイデンティティー＆アクセス管理（IAM）を関所として用意すれば、社外の利用者は社内ネットワークを経由せずにクラウドサービスにアクセスできるようになる。利便性が向上するとともに、社内ネットワークとインターネットをつなぐ回線やプロキシーサーバーなどへの負荷を低減でき、ボトルネックになる課題を緩和できる。

関所となるアイデンティティー＆アクセス管理（IAM）はインターネット上にあり誰でもアクセス可能なので、厳格なアクセス制御が必要である。このためIDとパスワードだけでは不十分だ。多要素認証（MFA）の導入が不可欠だろう。また、クラウドサービスのセキュリティー対策および利用状況の把握も検討する必要がある。アイデンティティー＆アクセス管理（IAM）が受け持つのは主にアクセス制御だからだ。

セキュリティー対策および利用状況の把握には、セキュアWebゲートウエイ（SWG）、情報漏洩防止（DLP）、クラウド・アクセス・セキュリティー・ブローカー（CASB）といったサービスを利用する（図5-3）。これらの機能がすべて含まれるパッケージ型のクラウドサービスもある。ただし、セキュリティー対策や利用状況の把握に向けたこれらサービスのどれをどのように使うかは、組織の状況やポリシー、運用ルール、求めるセキュリティーのレベルなどによってそれぞれ最適解は異なる。すべてを利用しないとゼロトラストが実現できないわけではない。

端末の管理と保護の機能を用意

利用者のアイデンティティー管理が整備できたら、端末の管理と保護を検討する。ゼロトラストでは、利用者と同様に端末も「信頼できない」と考えるためだ。

境界防御では、端末を社内ネットワークから持ち出さない、および社内ネットワークに持ち込まないことで端末の健全性を担保していた。だがゼロトラストでは端末はどこにあるのか分からない。そこで、どこにあっても端末の状態を遠隔から管理し、必要に応じて制御や

図5-3　セキュアWebゲートウエイ（SWG）などの導入イメージ

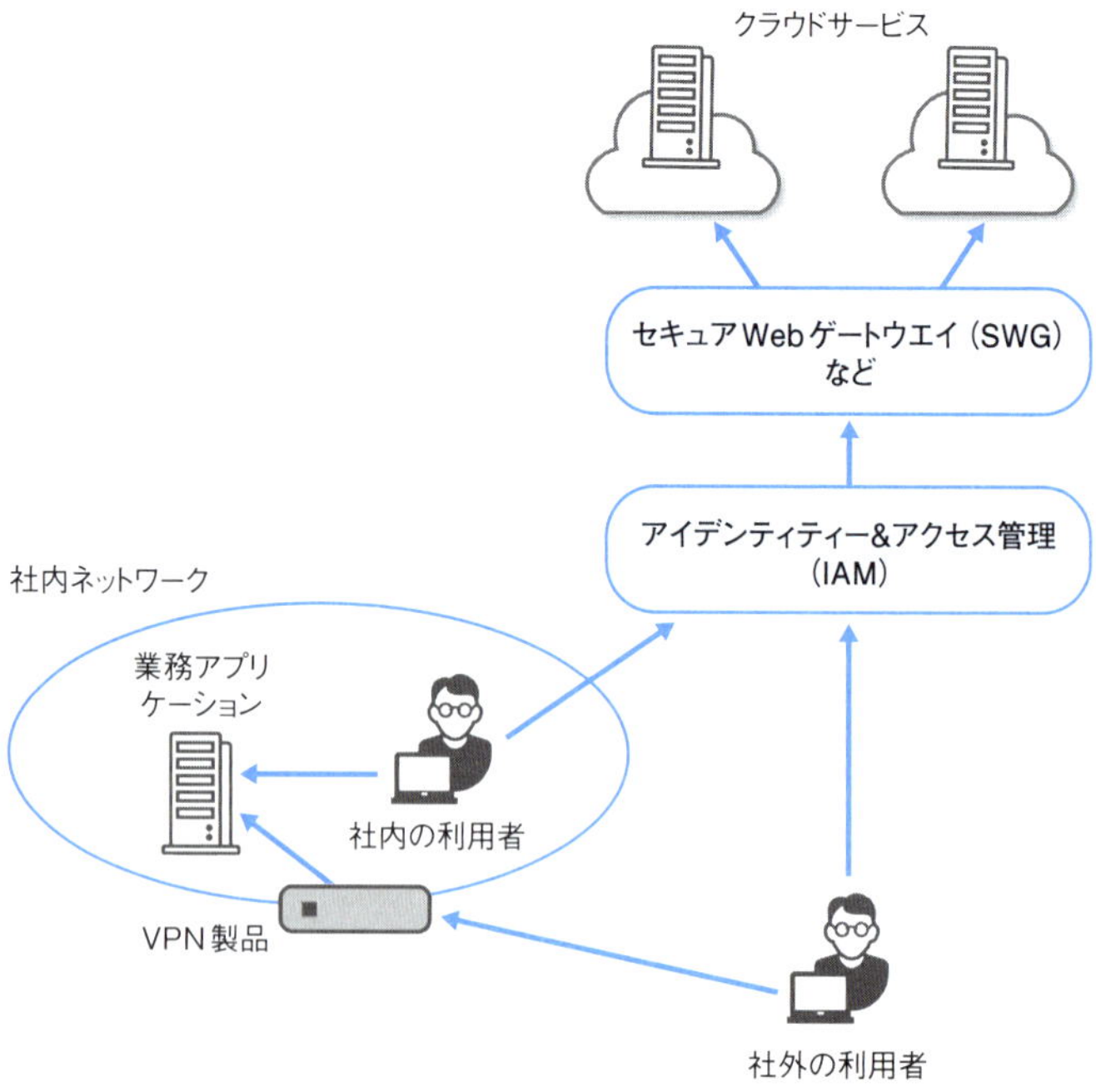

保護を行う必要がある。

端末の管理に使うサービスの1つがモバイルデバイス管理（MDM）である。利用者が持つ端末の1つひとつをリモートから管理し、設定を変更したり確認したりできる。組織が許可していないアプリケーションのインストールも防げる。端末を紛失した際に、保存されているデータの削除を遠隔から実施して情報流出を防ぐといったことも可能だ。

BYOD（私物端末の業務利用）のように、1台の端末に業務データと私用データが混在する利用環境なら、アプリケーション単位で制御できるモバイルアプリケーション管理（MAM）の導入も望ましい。モバイルアプリケーション管理（MAM）を導入すると、利用者の端末を会社領域と個人領域に仮想的に分割するといったことが可能になる。そして会社のアカウントで利用する業務利用クラウドサービスには会社領域からしかアクセスできないようにできる（**図5-4**）。このように設定すると、業務データは会社領域にしか保存できないし、会社が管理していない個人利用のクラウドサービスや、スマートフォンの個人領域に業務データをコピーできない。この機能により、個人が利用するSNSアプリなどか

図5-4　モバイルアプリケーション管理（MAM）の概要

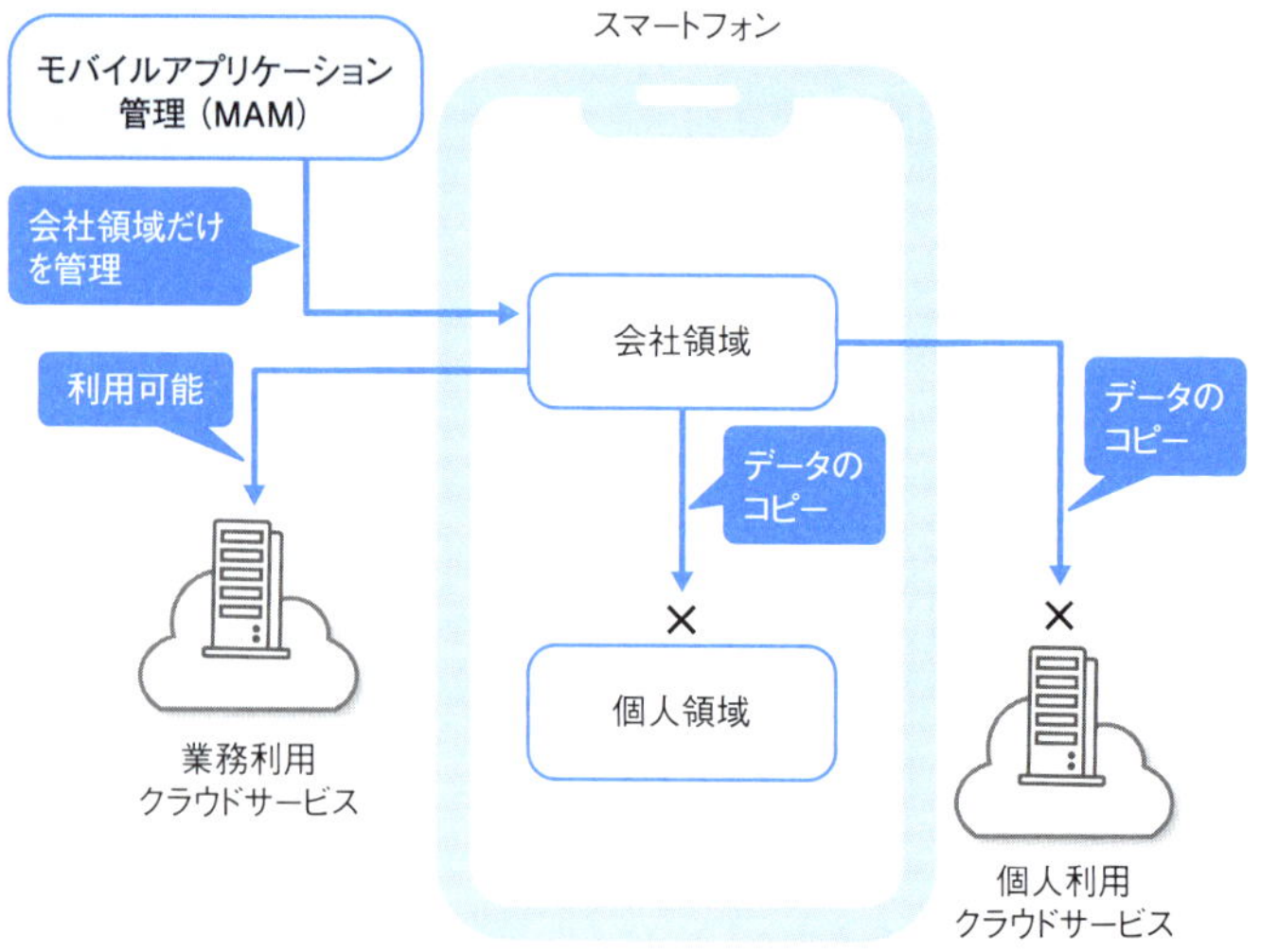

ら企業の機密情報が漏洩したり、不用意に公開されたりといった事故を防げる。利用者が端末を紛失した場合などに会社領域のデータだけを消去するといったことも可能だ。

リスクベース認証の導入でより強固に

端末の防御にはエンドポイント・ディテクション＆レスポンス（EDR）も有用だ。端末の異常の検知やその報告、被害の拡大防止や修復などの役割を担う。エンドポイント・ディテクション＆レスポンス（EDR）は、「高性能なウイルス対策ソフト」をイメージされる場合があるが、脅威を検知して駆除するというウイルス対策ソフトとは役割が異なる。このため通常は、エンドポイント・ディテクション＆レスポンス（EDR）とウイルス対策ソフトの両方を導入する。

モバイルデバイス管理（MDM）やエンドポイント・ディテクション＆レスポンス（EDR）は単体でも有用だが、アイデンティティー＆アクセス管理（IAM）と組み合わせるとより厳格な利用者認証が可能になる。端末の状態によって認証要素や付与する権限を変えるリスクベース認証（コンテキストベース認証）を利用できるからだ。例えば、端末に最新の修正プログラム（セキュリティーパッチ）が適用されていない場合やマルウエア感染が疑われる場合には、登録された正規の端末であってもアクセスを遮断するといった運用ができる。

脱VPNはゼロトラストのゴール？

ゼロトラストのメリットの1つとして強調されるのが「脱VPN」である。ゼロトラストを構築すると、社外の利用者が社内ネットワークを介さずに、業務で使うクラウドサービスや社内ネットワーク内の業務アプリケーションを安全に利用できる。脱VPNの観点で不可欠なクラウドサービスはアイデンティティー認識型プロキシー（IAP）である（図5-5）。導入により、クラウドサービスと同じように社内の業務アプリケーションにもアクセスできるようになる。利用者から見ると社内ネットワークにVPNで接続する必要がなくなる。

VPNは境界防御を維持したまま社外の利用者が社内ネットワークにアクセスできるよ

図5-5 アイデンティティー認識型プロキシー(IAP)の導入イメージ

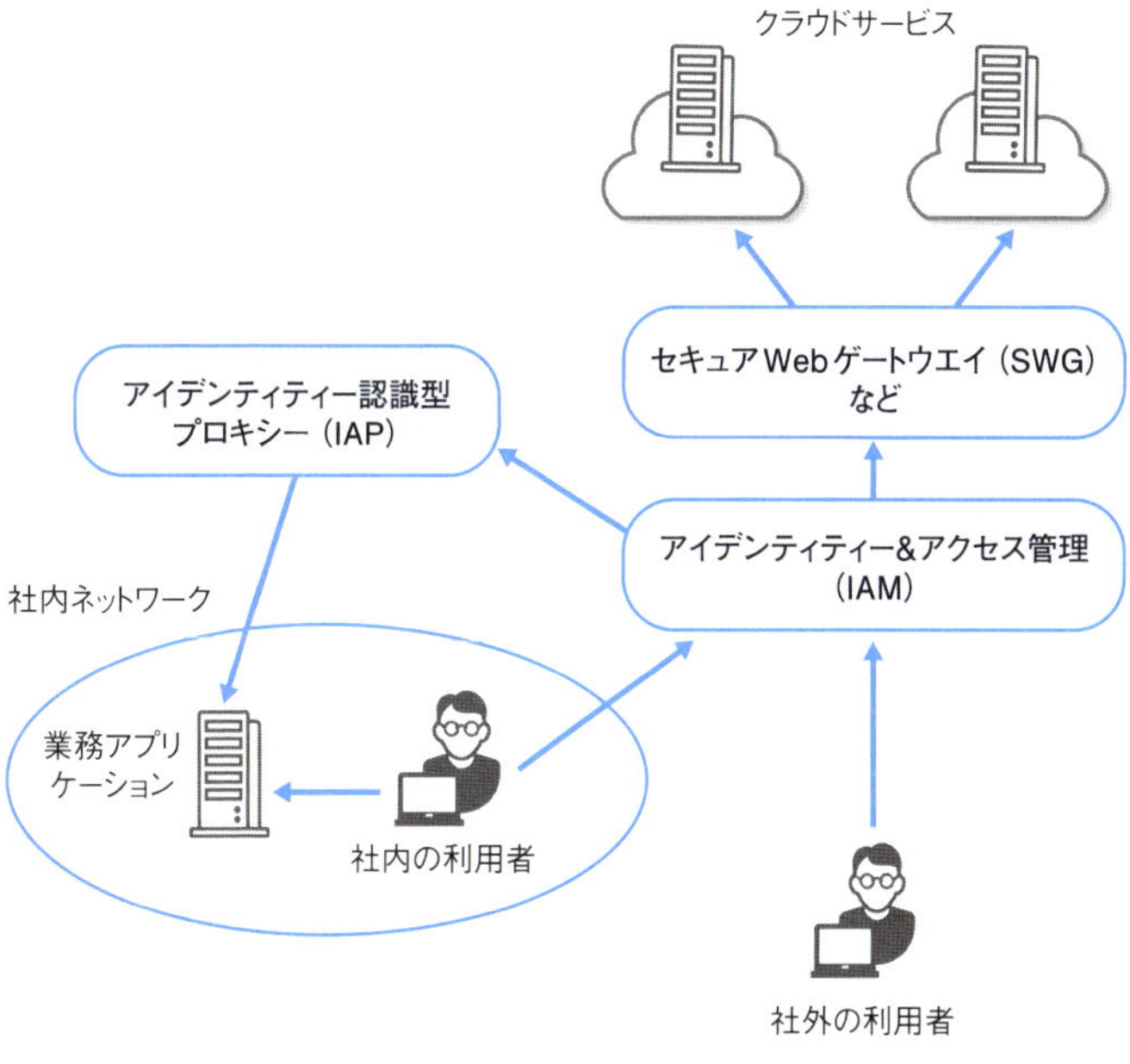

うにする技術だ。いわば境界防御を拡張する手法となる。あくまでも例外的な対応という扱いで、社内ネットワークに大半の利用者がいることが前提で運用している組織がこれまでは多かった。

この状況を大きく変えたのが新型コロナウイルス感染症の世界的流行、いわゆるコロナ禍だ。政府により感染対策として不要不急の外出や通勤の制限が要請された結果、多くの企業や組織がリモートワークを導入、ＶＰＮ利用者が急増して「ＶＰＮ渋滞」を招いた。例外的な措置として準備していたＶＰＮ製品では負荷に耐えられず、急遽増強を強いられた例も多い。こうしたことからＶＰＮを使わずに社内の業務アプリケーションにアクセスできるゼロトラストに改めて関心が集まった形だ。ただし脱ＶＰＮはゼロトラストの一面にすぎない。前述したような利用者および端末に対する厳格な認証と管理が伴って初めて意味がある。

アイデンティティー認識型プロキシー（ＩＡＰ）を利用して社外から業務アプリケーションにアクセスできるようにする手法の利点の1つは、ＶＰＮとは異なり社内ネットワークの構成や設定を変える必要がないところだ。インターネット側から通信を通すための「穴（例外ルール）」を設ける必要もない。コネクターと呼ぶ専用のソフトウエアを使い、社内側からアイデンティティー認識型プロキシー（IAP）にアクセスすることになるからだ。一方で、境界防御で守っていたはずの業務アプリケーションがインターネットに露出することにもなる。認証を突破できれば攻撃者はインターネット側から業務アプリケーションにアクセスできるからだ。このため業務アプリケーションと端末でやりとりするデータの暗号化はもちろんのこと、アイデンティティー&アクセス管理（IAM）による厳格な認証が必要になる。

アイデンティティー認識型プロキシー（IAP）を導入したからといって、業務アプリケーションのすべてを一斉に社外からアクセス可能にする必要はもちろんない。重要性や可用性を考えて、段階的に移行するのが現実的だ。アイデンティティー認識型プロキシー（IAP）経由で使える業務アプリケーションは当初一部に限定しておき、徐々にVPN比率を減らしていくのが現実的な運用だろう。

なお、境界が一切ないものとするゼロトラストでは、社内ネットワークにある端末であっても、アイデンティティー認識型プロキシー（IAP）経由で社内の業務アプリケーションにアクセスするのが理想的だ。だがこの運用も一足飛びに適用するのではなく、段階的に進めていくほうがよいだろう。社内ネットワークの端末から使う場合は、いったんプロキシーやファイアウオールなどを介してインターネットに出て、アイデンティティー＆アクセス管理（IAM）やアイデンティティー認識型プロキシー（IAP）を経由する形になるからだ。これと比べると、業務アプリケーションに直接アクセスするほうが明らかにシンプルで運用しやすい。

WANや拠点間VPN廃止へ

ゼロトラストへの移行により、本社と拠点を結ぶWAN（広域網、ワイド・エリア・ネットワーク）や拠点間VPNの廃止も視野に入る。WANや拠点間VPNは現在、本社あるいはデータセンターを中心とした境界防御で、本社と支社などの拠点を接続して、本社と同じ境界内に収める目的で使われているからだ。ゼロトラストでは、クラウドサービスと業務アプリケーションのいずれにもインターネット経由でアクセスできる。ゼロトラストに移行して境界防御自体を不要にできれば、本社や拠点間を結ぶWANや拠点間VPNもまた不要になる（**図5-6**）。

WANや拠点間VPNで本社と接続された拠点は、社内ネットワークの業務アプリケーションはもちろん、クラウドサービスにも本社経由で接続する形になっていることが多い。拠点の従業員のネット利用であっても、本社に置いたプロキシーやファイアウオールなどを経由させる。あえて複雑な構成にしているのは、これにより安全なインターネット接続とアクセス制御の一元管理を実現する狙いがある。ゼロトラストへの移行でWANや拠点間VPNを廃止する際は、支社や拠点の端末に、安全なインターネット接続やアクセス制御を提供する別の手段を考慮する必要がある。

ログ収集と解析で攻撃を検知

以上のように、逆説的だが脱VPNがある程度進めば、ゼロトラストを導入したといえる状況になるだろう。だが高いセキュリティーが求められる組織では、脱VPNだけでは

図5-6　WANや拠点間VPNが不要に

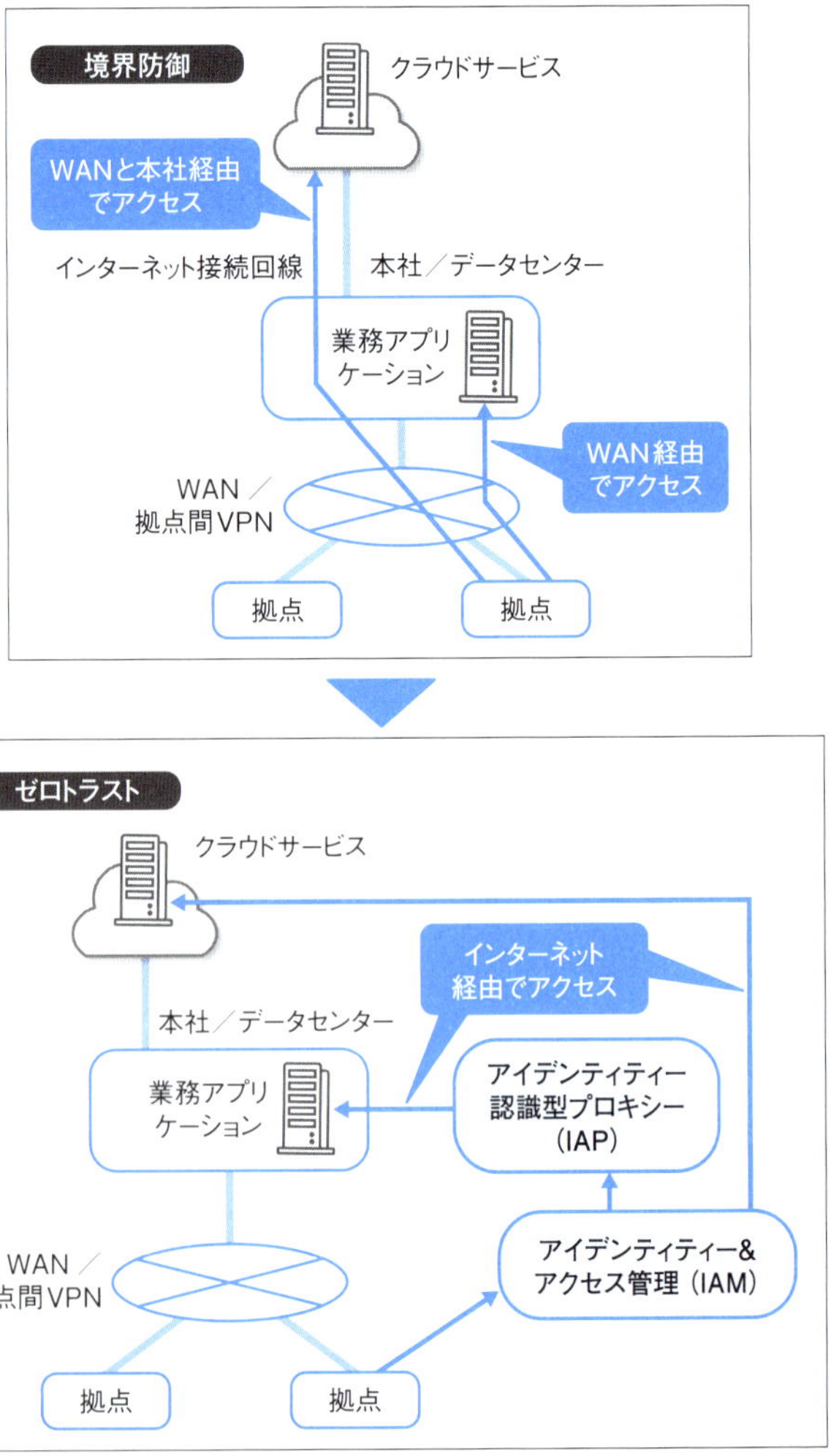

不十分だ。ゼロトラストは境界という守りがない分、サイバー攻撃を受けることを前提に、セキュリティーレベルを高める必要があるからだ。

その一例が、アイデンティティー＆アクセス管理（ＩＡＭ）の解説の部分で一緒に説明したセキュアＷｅｂゲートウエイ（ＳＷＧ）、情報漏洩防止（ＤＬＰ）、クラウド・アクセス・セキュリティー・ブローカー（ＣＡＳＢ）である。そしてもう1つの重要なピースがセキュリティー情報イベント管理（ＳＩＥＭ）だ。セキュリティー情報イベント管理（ＳＩＥＭ）は社内の業務アプリケーションやネットワーク機器などのログを監視するサービスである。

かつてのセキュリティー情報イベント管理（ＳＩＥＭ）は膨大なログの保存に大容量のストレージを用意する必要があり、ログの分析にはスキルが求められた。一般の組織が導入するのは難しかったが、クラウドサービスの登場によりハードルが大きく下がっている。クラウドサービスなら大容量のストレージを比較的低料金で利用でき、ＡＩによる分析の自動化で使い勝手や精度も高まっている。かつてのセキュリティー情報イベント管理（ＳＩＥＭ）を知っている人ほど導入に尻込みしそうだが、以前のイメージを捨てて検討したほうがよい。

まとめ

1 ゼロトラストの実現方法は様々で、最適解は組織によって異なる。ここでは一例として、①利用者のアイデンティティー管理、②端末の管理と保護、③脱VPN、④セキュリティーレベルの向上――という導入手順を紹介した。

2 まずは利用者をきちんと管理して、厳格な認証・認可が可能な体制を整える。そして端末を遠隔から管理および保護できるようにしてから脱VPNを図る。また、境界という守りがない分、セキュリティー情報イベント管理（SIEM）などでセキュリティーレベルの向上を図る。

3 ゼロトラストに必要とされるすべてのサービスを一挙に導入するのは一般の組織では恐らく難しい。既に境界防御を運用している組織が境界をすべて取っ払って一気にゼロトラストに移行しようとするのも非現実的だ。移行しやすいシステムやアプリケーションからゼロトラストに順次移行するのが現実解だろう。

4 社内の業務アプリケーションについても、重要度がそれほど高くないものや利用者が多いものからアイデンティティー認識型プロキシー（ＩＡＰ）経由でアクセスできるようにして、それ以外はＶＰＮ経由で利用する。脱ＶＰＮのノウハウをためながら、ＶＰＮの利用者や通信量を減らしていくイメージだ。

5 ゼロトラストは脱ＶＰＮ、すなわち利便性が注目されがちだが、限界に達した従来のセキュリティーを強化する考え方であることを忘れてはいけない。境界なしで利用者や端末、データを守るという考え方であり、その副産物として脱ＶＰＮがある。

6 利用者や端末の適切な管理および認証、アクセス制御を実現できない状態で業務アプリケーションをインターネットから利用できるようにするのは本末転倒であり、脱ＶＰＮとは呼べてもゼロトラストとは呼べない。

第6章

ゼロトラストを脅かすサイバー攻撃

攻撃者の最新手口を知らねば守れない

この章では最近のサイバー攻撃の手口、組織にとってのセキュリティー上の脅威を、具体的に解説する。サイバー攻撃と一口に言うが、攻撃者はどのようにして組織に侵入し、重要なデータを奪ったり、金銭的な被害を与えたりするのか。

攻撃者の手口は様々あるが、境界防御やゼロトラストといった考え方に基づいたセキュリティー対策は、本来これらの脅威から利用者や端末、データや業務アプリケーションを守るための手法である。一方で境界防御は広く普及しており、改良を加えながら長く使われてきているため、その分、その弱点を突く脅威はやはり多い。

脅威を具体的に理解するのは、ゼロトラストの有効性を確認するためにも重要だ。ただし、ゼロトラストに移行したからといって脅威から無条件で逃れられるわけではない。ポイントを押さえた守りが重要になるのは変わらない。脅威を理解すれば、押さえるべきポイントがおのずと明らかになる。

フィッシング詐欺

偽のログインページに被害者を誘導

フィッシング（Phishing）詐欺とは、偽のログインページに利用者を誘導し、IDやパスワードといった資格情報を入力させて、それを盗むサイバー攻撃である。信頼できる相手をかたったメールなどを送る手口が多い。（図6-1）。「Phishing」は造語で、魚釣りの「フィッシング」と洗練という意味の「ソフィスティケート」から作られたともいわれる（他の説もある）。上手にだまして被害者を「釣り上げる」といった意味合いと思われる。

フィッシング詐欺ではクラウドサービスなどの資格情報がよく狙われる。攻撃者は盗んだ資格情報を使い、その利用者になりすましてクラウドサービスに不正アクセスする。例えば金融機関をかたったメールを送付し、オンライン金融サービスなどの資格情報を奪い、不正アクセスで残高を引き出すといった手口が典型的だ。

最近はメールではなくSMS（ショート・メッセージ・サービス）や電話などで偽ペー

図6-1　フィッシング詐欺の概要

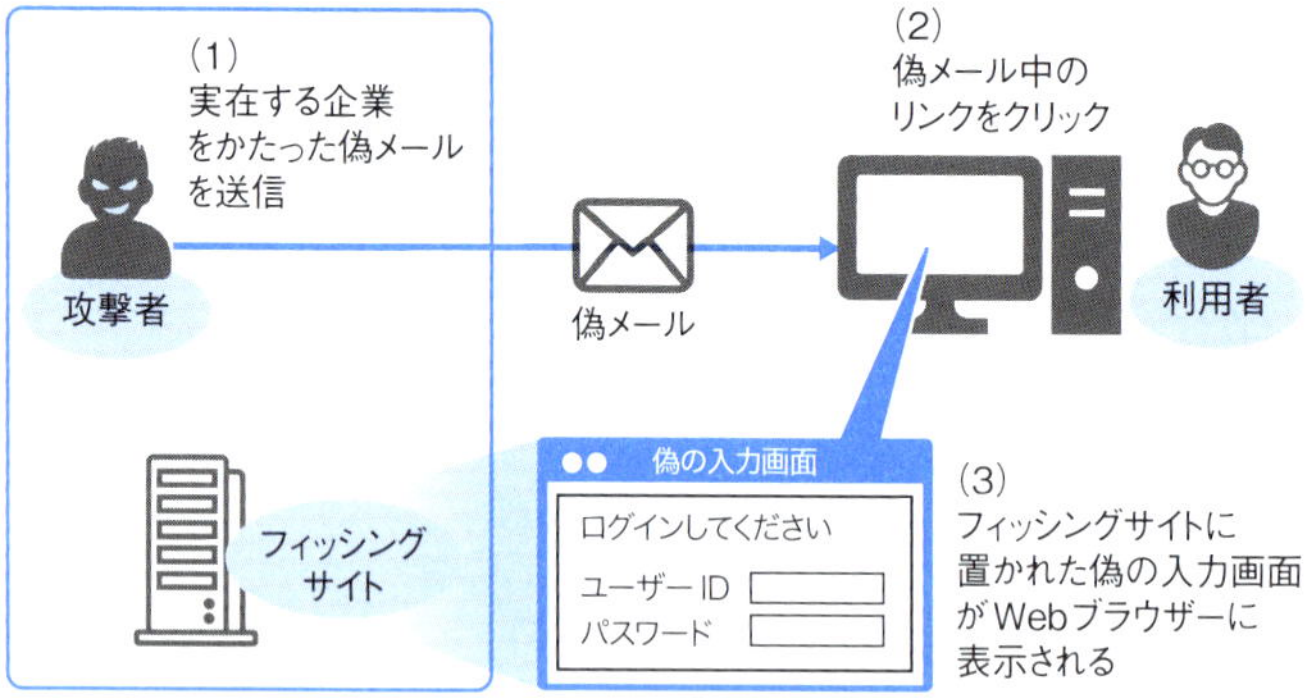

ジに誘導する手口も出てきている。SMSを使う手口は、SMSとフィッシングを組み合わせて「スミッシング（Smishing）」とも呼ばれる。国内では2018年以降、宅配便の不在通知を装うスミッシングが猛威を振るっている（図6-2）。メッセージ中のリンクをクリックすると、個人情報を入力させるWebページやマルウエア（コンピューターウイルス）を感染させようとするWebページに誘導される。電話を使う手口は「ビッシング（Vishing）」とも呼ばれる。「ボイス・フィッシング」の略だ。コロナ禍によりVPNの利用が盛んになった2020年夏、米国ではVPNにログインするためのパスワードを狙ったビッシングが相次ぎ、米連邦捜査局（FBI）や米国土安全保障省サイバーセキュリティー・インフラストラクチャー・セキュリティー庁（CISA）などが注意を呼びかけた（図6-3）。

境界防御の場合、社内サーバーの利用者認証はIDとパスワードだけという組織は少なくない。社内のサーバーは境界に守られており、そこにたどり着くまでが一苦労だ。仮にフィッシング詐欺で認証情報を詐取されても、すぐに被害に結びつくとは限らない。しかし、クラウドサービスの利用が中心となるゼロトラストでは、境界防御の場合以上にフィッシング詐欺には警戒が必要だ。クラウドサービスの場合、その入り口となるログインサイトには

図6-2　SMSを使う「スミッシング」の例

筆者に送られてきた偽のメッセージ

図6-3 電話を使う「ビッシング」の流れ

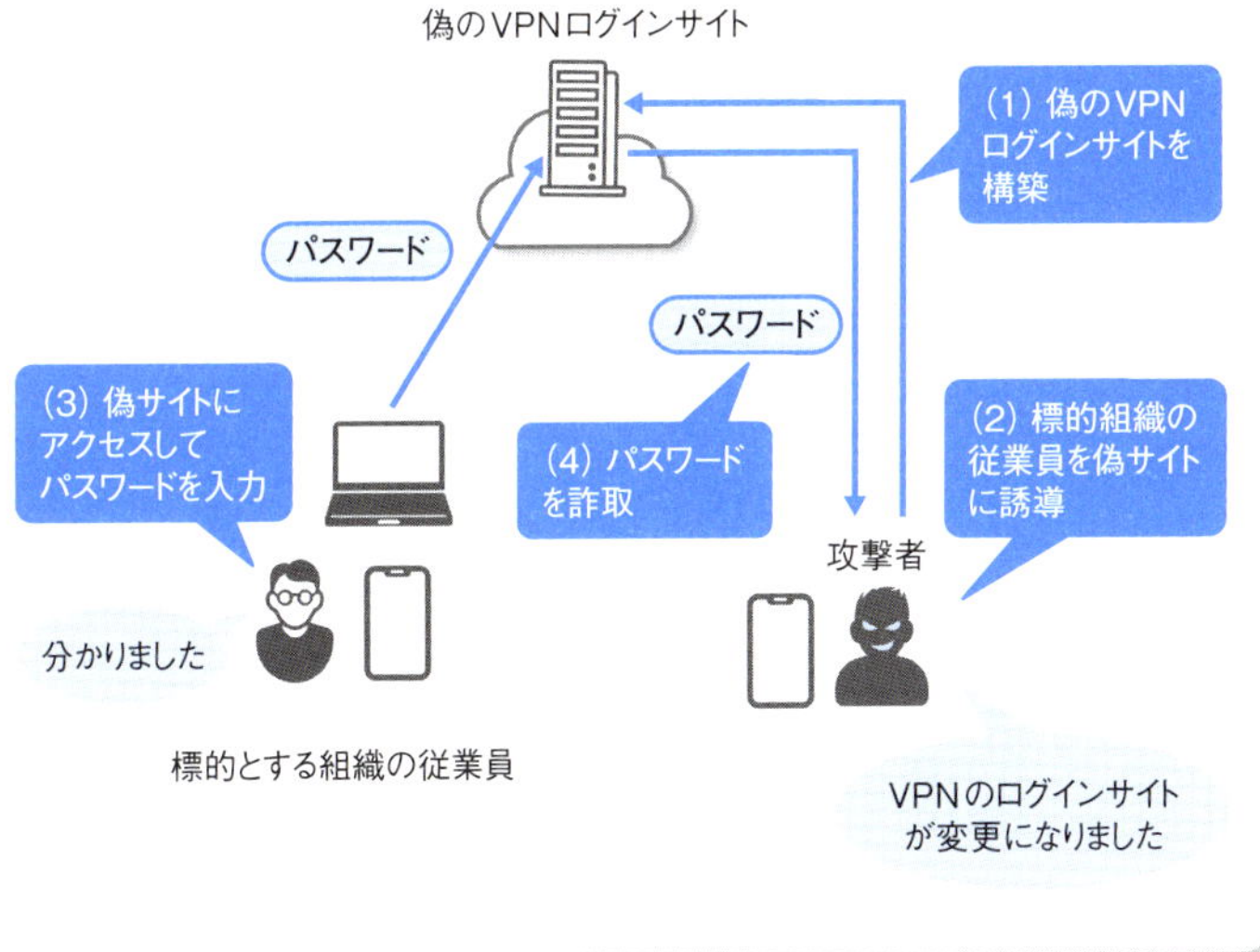

誰でもアクセスでき、探すのもさほど難しくないことが多いからだ。パスワードなどの資格情報を盗まれると容易になりすまされてしまう。

「注意を呼びかける」だけでは守れない

実際、フィッシング詐欺でパスワードを盗まれてクラウドサービスに不正アクセスされるケースは後を絶たない。あまりの多さに、米国土安全保障省サイバーセキュリティー・インフラストラクチャー・セキュリティー庁（ＣＩＳＡ）は２０２１年１月、実例を幾つか挙げて注意を呼びかけた。

例えば、メールを使ってクラウドサービスの偽のログインページに利用者を誘導し、ＩＤやパスワードといった資格情報を入力させて盗む。攻撃者は盗んだ資格情報を使い、その利用者になりすましてメールなどのサービスに不正アクセスする。さらにそのアカウントを使って、同じ組織の別の利用者にフィッシングメールを送信する。攻撃者は過去のメールを盗み見できるし、フィッシングメールの送信元は同じ組織のアカウントなので受信者がだまされる可能性は高い。これを繰り返すことで、攻撃者は組織のアカウントを次々と乗っ取れる。

メールの転送ルールを変更される場合もあるという。攻撃者はクラウドのメールサービスの転送ルールを変更し、その組織に送られてきたメールすべてが攻撃者に送られるようにする。転送ルールのフィルタリング機能を利用して、財務関連のキーワードが含まれるメールのみを転送する攻撃も確認されている。フィルタリングではスペルミスにも対応するという念の入りようだという。例えば「ｍｏｎｅｙ」だけではなく「ｍｏｎｙｅ」もキーワードに含めるイメージである。

フィッシングによる不正アクセスを防ぐには、利用者に注意を呼びかけるだけでは不十分である。誘導先の偽サイトは本物そっくりの場合が多いからだ。攻撃者は正規のＷｅｂサイトにアクセスして画像などをコピーし、見た目をそっくりにする。似たドメイン名を取得することも多い。例えば正規サイトのドメイン名が「example.jp」なら「example-jp.com」のように、「-（ハイフン）」を加えて紛らわしくしたドメイン名を使うイメージだ。偽サイトのサーバー証明書を取得するケースもある。これにより、偽サイトに「ｈｔｔｐｓ」でアクセスできるようにするのである。Ｗｅｂブラウザーではｈｔｔｐｓでアクセスできるサイトは信頼できるとして鍵マーク（錠マーク）が表示される。利用者はまさか攻撃者がそのためにサーバー証明書を取得しているとは思わないので、警戒が薄れてだまされやすい。

多要素認証を破る中間者攻撃

このように最近のフィッシング詐欺は巧妙さを増しており、利用者の注意で被害を防ぐのには限界がある。だからこそパスワード以外の認証要素を使う多要素認証（ＭＦＡ）の導入がゼロトラストでは不可欠なのである。万一、フィッシング詐欺に引っ掛かってＩＤとパスワードを盗まれたとしても、他の認証要素を奪われていなければ、不正アクセスされないからだ。とはいえ、実は多要素認証（ＭＦＡ）も万全ではない。その一例がワンタイムパスワードである。フィッシング詐欺の偽サイトに誘導された利用者の入力行為などを、攻撃者がリアルタイムで監視しているケースではワンタイムパスワードも盗まれてしまう。このやり方は攻撃者が被害者と正規のＷｅｂサイトの中間に割り込むので中間者攻撃と呼ばれる（図6－4）。マン・イン・ザ・ミドル攻撃などとも呼ばれる。

ワンタイムパスワード方式は、ＩＤとパスワードを入力するとＷｅｂサイト側から使い

図6-4　中間者攻撃の流れ

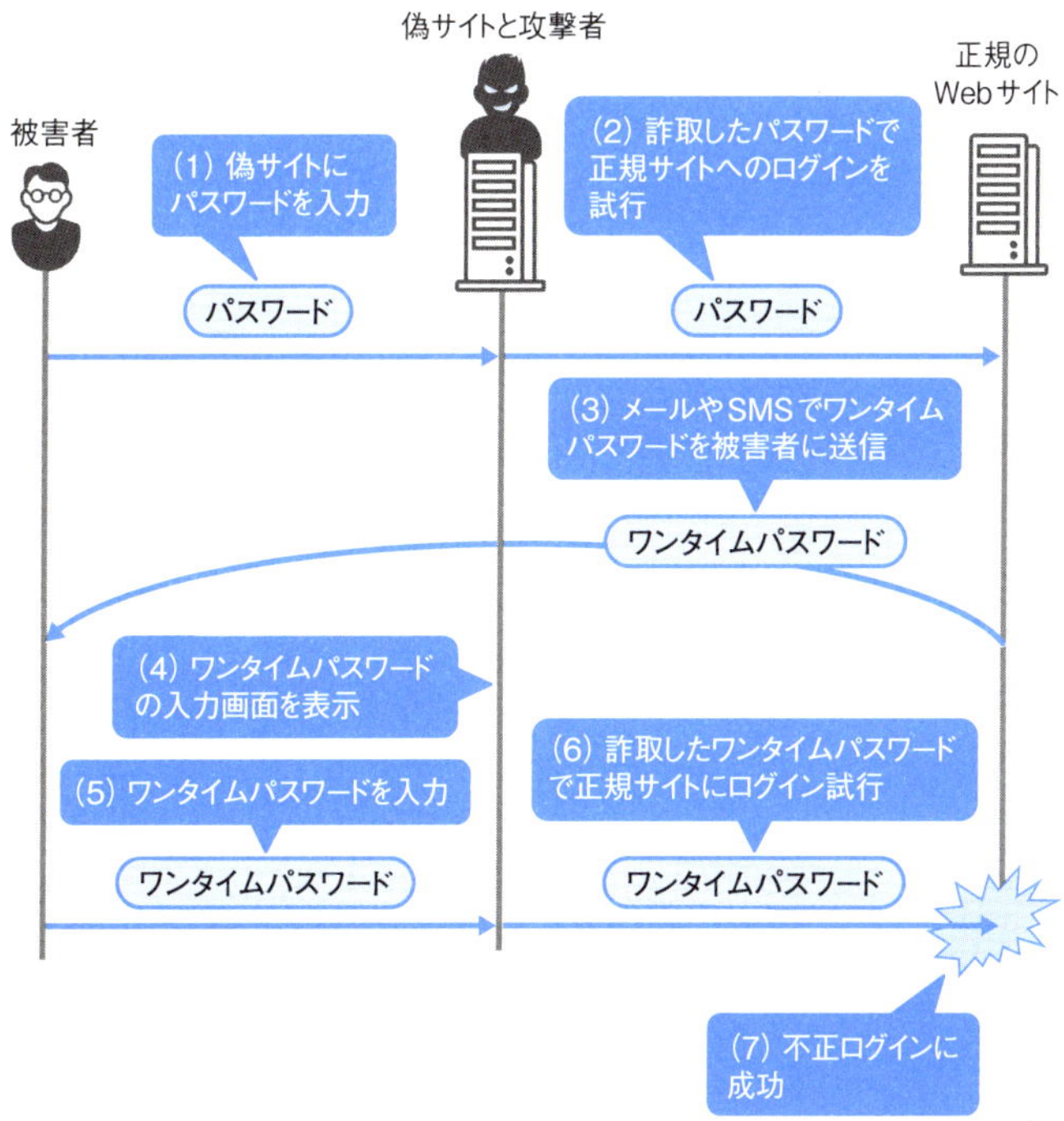

捨てのパスワードを送り、それを入力するとログインが完了するという方式。ワンタイムパスワードの送付には通常、インターネットではなく例えばメールやSMSなどが使われる。あらかじめ登録されたアドレスへのメールやSMSを受信できる端末がないと、ワンタイムパスワードは入手できないはずなので、多要素認証（MFA）の要件を満たす。

中間者攻撃では、偽サイトに入力された情報を攻撃者がリアルタイムで監視し、正規のWebサイトに転送する。被害者が偽サイトでIDとパスワードを入力すると、攻撃者はそれらを正規のWebサイトに送信する。正規サイトは被害者にワンタイムパスワードをメールやSMSで送信。これを受信した被害者は、次にワンタイムパスワードを偽サイトに入力する。攻撃者はそのワンタイムパスワードを使って正規サイトにログインする。なお、実際は攻撃者によるパスワードなどの転送や入力の操作は自動化されている場合が多い。

対策としてFBIと米国土安全保障省サイバーセキュリティー・インフラストラクチャー・セキュリティー（CISA）は、ワンタイムパスワードといった利用者入力だけではWebサイトにログインできないようにすることを第一に挙げている。デジタル証明書やハードウエアトークン、インストールされているソフトウエアのチェックなどで、アクセスしようとしている端末も認証するようにすれば、中間者攻撃に対抗できる。

ビジネスメール詐欺
世界で累計1兆4000億円の被害

フィッシング詐欺などによってクラウドのメールサービスに不正アクセスされた場合の二次被害として懸念されるのがビジネスメール詐欺（BEC）だ。ビジネスメール詐欺とは、取引先や上司などをかたった偽のメールを組織の財務担当者に送付し、攻撃者の口座に金銭を振り込ませる詐欺を意味する。オンプレミスでメールサーバーを運用していた境界防御の時代に比べて、クラウドのメールサービスを利用するゼロトラスト時代のほうが、なりすましによるメールの盗み見（盗聴）のリスクが高い。このため、以前よりもビジネスメール詐欺には警戒が必要だ。

ビジネスメール詐欺が話題になり始めたのは2013年後半。例えば米フォーチューン誌によると、米グーグルと米フェイスブックは2013年から2015年にかけて、ビジネスメール詐欺により、合計1億ドル以上をだまし取られたという。対岸の火事ではない。2017年には国内でも大きな被害が出始めた。例えば日本航空（JAL）は2017年12月、3億8000万円の被害に遭ったことを明らかにした。米国の政府組織であるインターネット犯罪苦情センター（IC3）によると、2013年10月から2018年5月までの5年弱の間に発生した世界のビジネスメール詐欺事件は7万8617件で、損失額は合計125億ドル（約1兆4000億円）に達したという。

ビジネスメール詐欺で攻撃者がなりすますのは、①取引先の企業②上司（経営者）③弁護士や法律事務所など権威のある第三者――の3種類。例えば、取引先の企業をかたる場合の流れは次のようになる（図6-5）。

攻撃者はまず、標的とした企業（支払い側）と取引先企業（請求側）の2社の経理担当者がやりとりしているメールを何らかの方法で盗聴する。盗聴により両社の担当者や請求に関する詳細が分かったら、まずは請求側の担当者になりすまし、支払い側に偽の口座を伝え、

図6-5　ビジネスメール詐欺の流れ

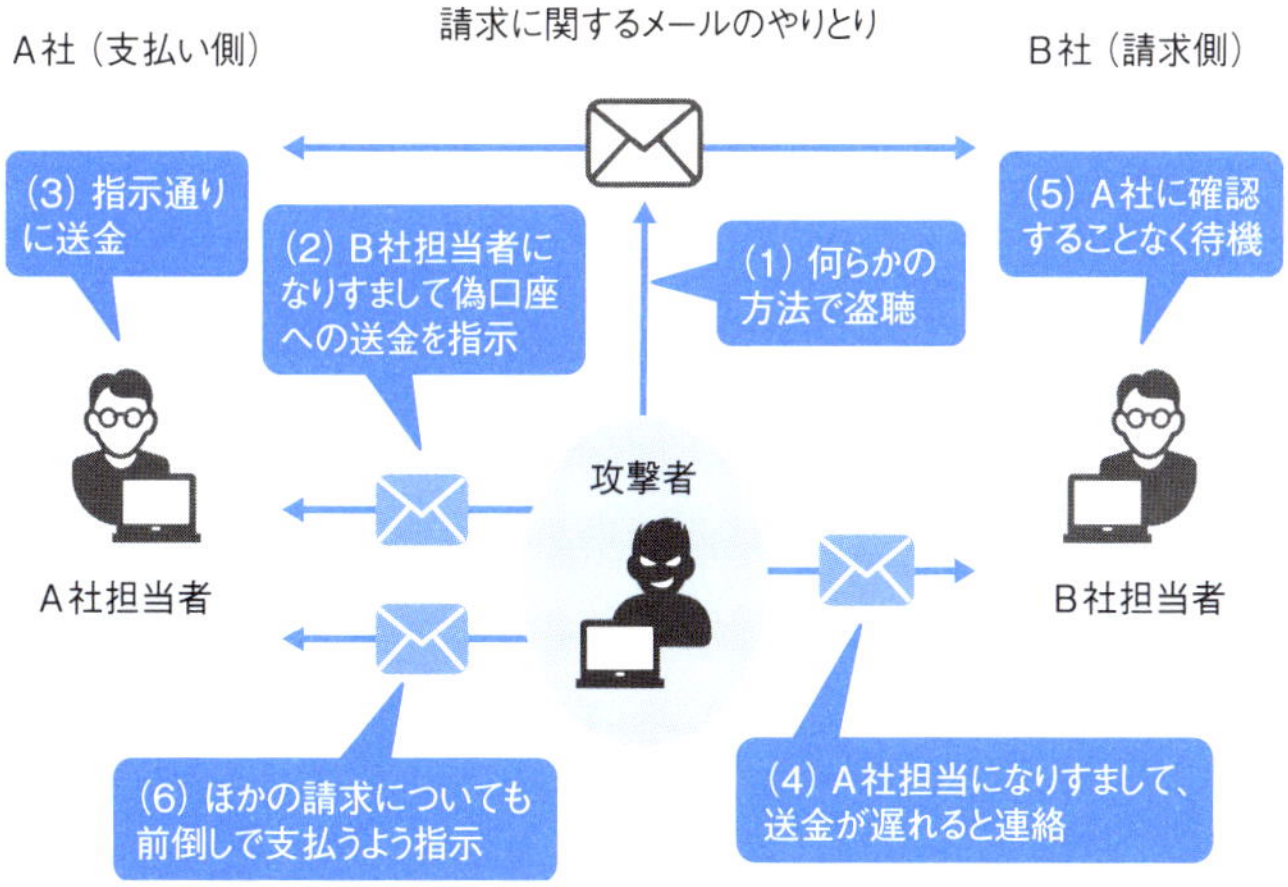

金銭を振り込ませる。攻撃者は支払い側の担当者にもなりすまし、確認中なのでもう少し待ってほしいと請求側の担当者に伝える。請求側の担当者が支払い側の担当者に電話などで確認しないようにするためだ。ただ、攻撃者が支払い側の担当者になりすませない場合には、このやりとりは省かれる。さらに攻撃者は、ほかの請求についても前倒しで支払うように要求し、より多くの金銭を詐取しようとする。

担当者がだまされてしまうのは、攻撃者が巧みだからだ。例えば、「いつもとは異なる口座に振り込んでください」と言われれば、通常は警戒するだろう。そこで攻撃者は、「監査の都合上、口座を一時的に変える必要がある」などともっともらしい理由をつける。また、別口座の名義を請求側の法人名にして、できるだけ怪しまれないようにする。メールについても工夫を凝らす。送信者名については、表示名を請求側の担当者にするのはもちろん、送信のメールアドレスも似たものにする。つまり、請求側の法人と似たドメインを取得し、そのドメインのメールアドレスから送信する。

また、フィッシング詐欺などで請求側の担当者のメールアカウントが乗っ取られている場合にはその本人から詐欺メールが送られてくるので、見抜くことはほぼ不可能だ。対策としては、このような詐欺がはびこっている現状を認識することが第一。請求などのメールに少しでも違和感があったら、電話で相手に確認するなどの慎重さが求められる。

マルウエア
攻撃者の意のままに動く〝悪い〟ソフトウエア

マルウエアも代表的な脅威の1つである。マルウエアとは悪いを意味する「マリシャス」と、ソフトウエアを組み合わせた造語だ。以前はコンピューターウイルスやウイルスと呼ぶことが多かったが、特定のマルウエアをウイルスと呼ぶ場合があることや、病気のウイルスと混同することがあることから、近年ではマルウエアと呼ぶことが多い。本書でもマルウエアとする。

マルウエアの正体は、米マイクロソフトのワードやエクセルといったアプリケーションソフトと同じプログラムの一種である（図6−6）。異なるのは、実行したときの動作だ。ア

図6-6　マルウエアはプログラムの一種

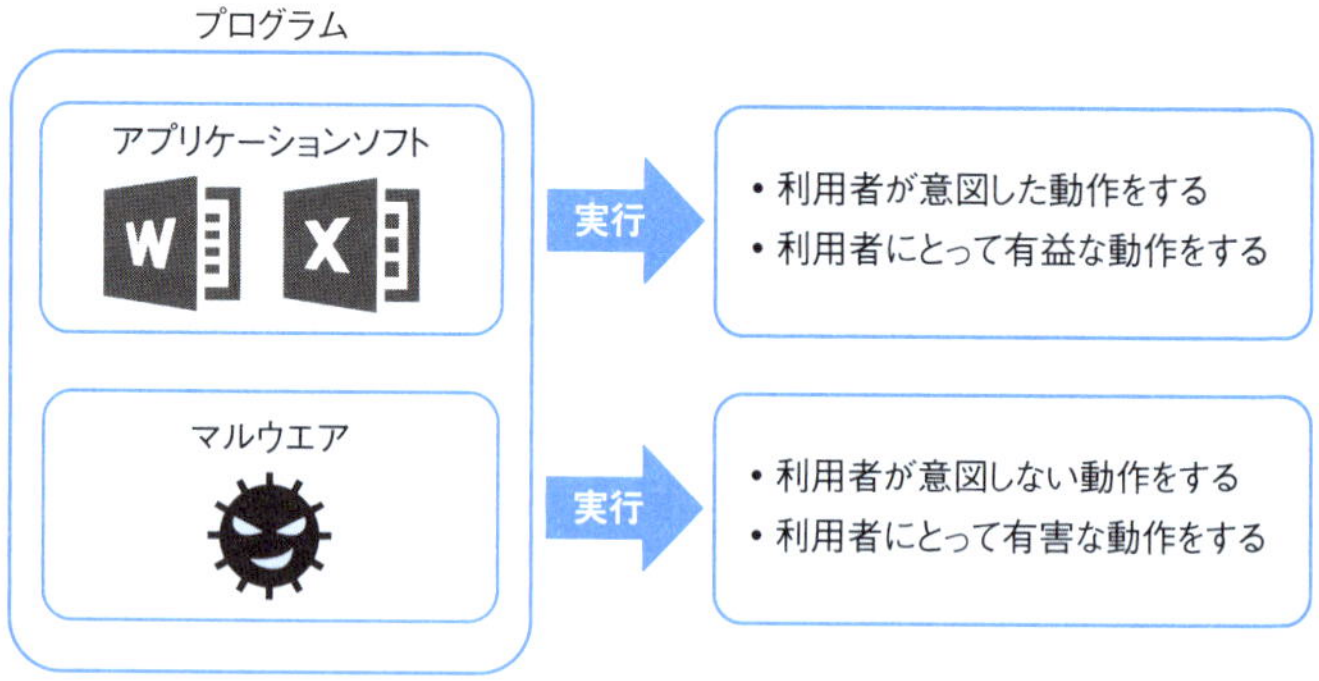

プリケーションソフトは、利用者にとって有益な動作を、利用者が意図した通りに行う。

一方マルウエアは攻撃者が作成したプログラムである。実行されると利用者が意図しない、有害な（攻撃者の意図通りの）動作をする。基本的にはどのような動作も可能だ。例えば、コンピューターに保存されているデータを盗んだり、コンピューターを乗っ取ったりする。コンピューターを乗っ取って、攻撃者がインターネット経由で遠隔操作できるようにするマルウエアはボットと呼ばれる。

マルウエアがウイルスとかつて呼ばれていたのは、他のプログラムに自分自身を埋め込むタイプが多かったためだ。この動きが、宿主となる生物に感染する、本物のウイルスと似ているためにそう名付けられた。また感染の手法などでマルウエアを分類し、「ウイルス」「ワーム」「トロイの木馬」などと区別することもある。

ネットワーク経由でほかのコンピューターに自分自身をコピーして感染を広げるマルウエアはワームやインターネットワームとも呼ばれる。ワームとはミミズなどの細長い虫の総称。

ネットワークをはって広がり、別のコンピューターに自分を増殖させるイメージなのでこの名前が付いた。トロイの木馬は有用なプログラムやデータファイルに見せかけるマルウエアである。ギリシア神話におけるトロイア戦争の物語に登場する「トロイの木馬」になぞらえてこの名前が付けられた。トロイの木馬の物語では、木馬の中に兵士を隠し、戦利品と勘違いした敵が城内に木馬を引き入れてしまう。トロイの木馬はこの物語と同様に、有用なプログラムに偽装するなどして利用者をだまし、利用者自らに実行やコピーさせて侵入するタイプのマルウエアを意味する言葉として使われている。

ウイルスタイプやワームタイプのマルウエアでは他のコンピューターに感染を広げるために、脆弱性などを利用する。感染のための機能が必要になるわけだ。しかしトロイの木馬はだまされた利用者自身が起動してしまうことで感染を広げる。感染のための特別な機能は必要ない。このためウイルスやワームよりも容易に作成できる。当初はウイルスが多かったマルウエアだが、近年ではトロイの木馬に分類されるマルウエアが圧倒的に多い。

古典的なメール感染手口で最近も大きな被害

マルウエアの侵入経路は様々だ（図6-7）。2005年ごろまではメール経由がほとんどだったが、その後Web経由が増えている。攻撃者が用意したWebサイトに誘導され、利用者がアクセスするとマルウエアがダウンロードされるという仕組みだ。

メール経由で感染を広げるマルウエア感染では添付ファイルを使う。添付ファイルにマルウエア本体あるいはマルウエアをダウンロードさせるようなプログラムを仕込んだメールを、そのコンピューターの利用者のメールアドレス宛てに送信する。もはや古典的とも思える手口であるメール感染型のマルウエアは、最近も大きな被害を出し続けている。その代表例が「Emotet（エモテット）」である。エモテットは2014年に出現して以降、機能を変えながら世界中で感染を広げた。

エモテットの特徴の1つは他のコンピューターに感染を広げるためにメールを送信する際に、実在する企業や人物になりすますこと。感染に成功すると、パソコンに保存されてい

図6-7　マルウエアの感染経路

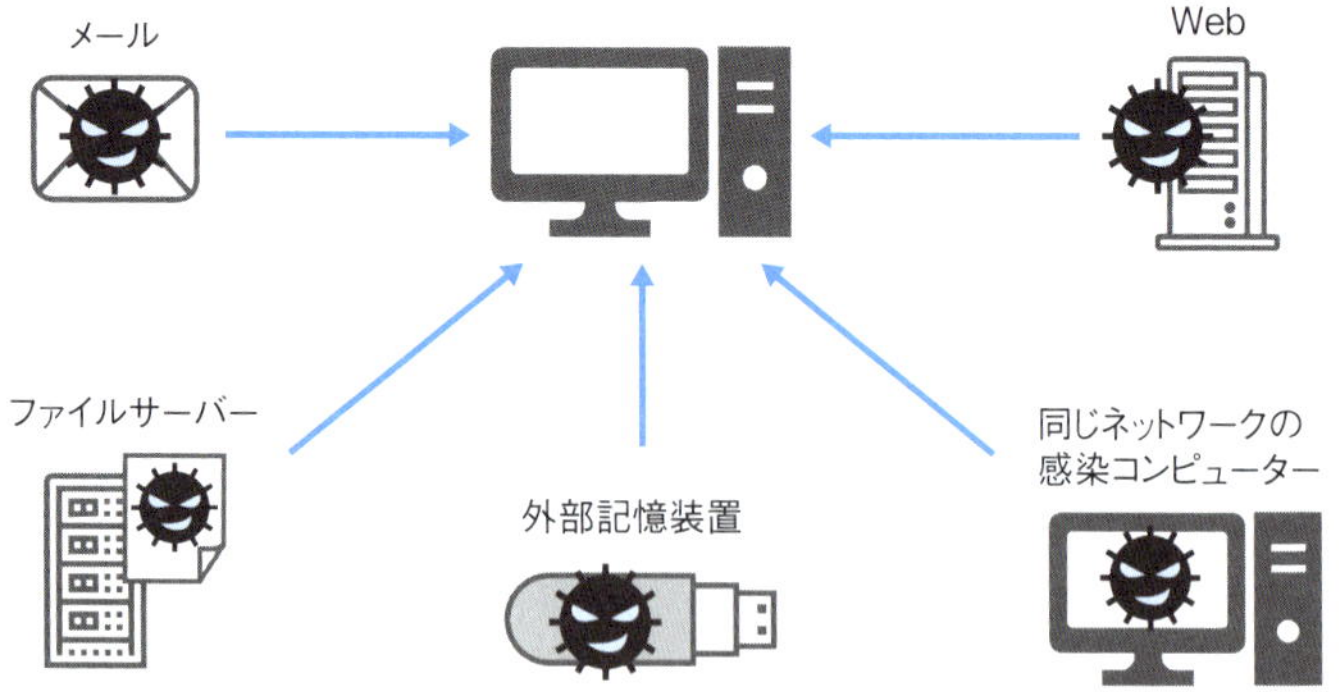

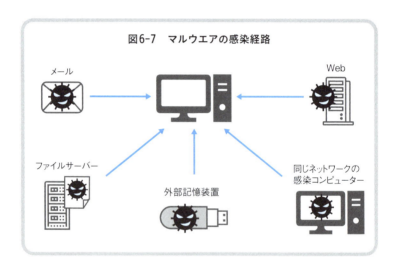

るメールソフトの設定情報や過去のメールを読み出し、これらの情報を利用して送信元を偽装する。利用者の過去のメールを読み出して、次のターゲットからのメールを引用した返信を装うこともある。

こうした巧妙な偽装を自動的に行うため、正規のメールとだまされてしまい添付ファイルを開いて感染してしまう利用者が後を絶たなかった。また企業や組織の従業員がエモテットの侵入を許すと、自社名をかたったなりすましメールが送付されてしまう。このため、感染が発覚すると多くの場合「当社名をかたった迷惑メールに注意してください」といった注意喚起を出さざるを得なくなった。

エモテットは感染拡大に米マイクロソフトのワードの文書ファイルを使うのも特徴だ（**図6－8**）。ワードは既に重要なビジネスツールの1つになっており、利用者の多くがワードの文書ファイルをそれほど警戒しない。ワードの文書ファイルをメールに添付して取引先などとやりとりするのも珍しくない。

図6-8　エモテットの感染を広げるワードファイル

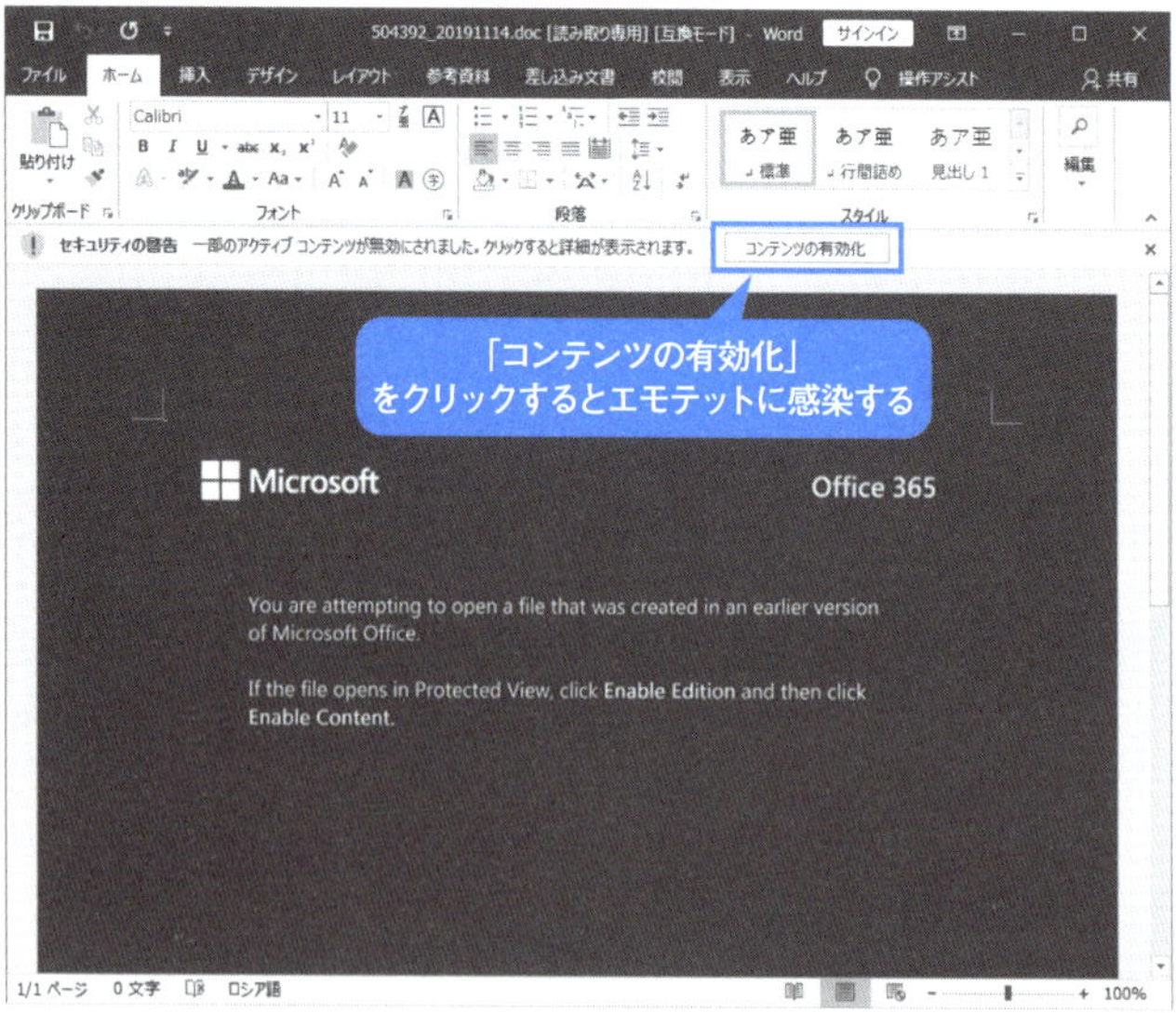

エモテットが送りつけるワードの文書ファイル自体にマルウエア本体は含まれていないが、エモテットをダウンロードして感染させるマクロプログラム（マクロ）が組み込まれている。ただし、初期設定のままならエモテットのマクロが含まれた文書ファイルを開いても、ワードはマクロを勝手に実行しない。業務の都合などでマクロの自動実行を有効にしているか、利用者が意図的に有効にしなければエモテットには感染しない。

そこで攻撃者は、マクロを有効にするよう求める文章を文書ファイルに記述する。ファイルを開いた利用者がその文章に従って「コンテンツの有効化」ボタンをクリックするとエモテットに感染する仕組みだ。

エモテットの被害を拡大したPPAP

またエモテットはモジュール（プログラム部品）を追加すると機能を拡張するモジュール型と呼ばれるマルウエアでもある。登場以降、様々なモジュールが追加されて機能を拡張してきた。2020年には新しいモジュールとして、感染拡大のための添付ファイルをパスワード付きZIPで圧縮する機能が追加された。

パスワード付きZIPで圧縮するとファイルが暗号化される。この結果、例えばインターネットと内部ネットワークの境界に設置したウイルス対策製品（アンチウイルスゲートウエイ）がエモテットの感染マクロを検出しにくくなる。アンチウイルスゲートウエイを通り抜けた感染メールが利用者に届く。パスワードはパスワード付きZIPファイルを添付したメールに記載されている。

この手口により、特に日本国内でエモテットの感染被害はさらに拡大したと予想される。というのも、業務に必要なファイルはパスワード付きZIPで圧縮してメールに添付するという運用ルールがある企業や組織が日本国内には多いからだ。パスワード付きZIPで圧縮したファイルをメールに添付して送り、別のメールにパスワードを記載して送る。誤送信などで間違った宛先に添付ファイルを送ってしまっても、相手は中身が開けないので安全になるという理屈である。

一見、セキュリティーを高めると思われるこの手順だが、一部のセキュリティー専門家はむしろ問題が多いと以前から指摘している。例えばインターネット動画をきっかけにインターネットで大ヒットした「ペンパイナッポーアッポーペン（Pen-Pineapple-Apple-Pen）」の略称になぞらえて「PPAP」と名付け、注意を喚起している（図6-9）。具体的には以下の略とされる。

Password付きZIP暗号化ファイルを送ります
Passwordを送ります
An号化（暗号化）
Protocol

問題となるのは前述の通り、パスワード付きZIP圧縮によりゲートウエイやメールサーバーのマルウエアチェックを回避される点が挙げられる。暗号化されているために、圧縮ファイルの中にマルウエアが含まれていても検知できない。PPAP運用を採用している企業や組織は、エモテットのようなマルウエアを呼び込みやすいのである。

図6-9 「PPAP」の概要

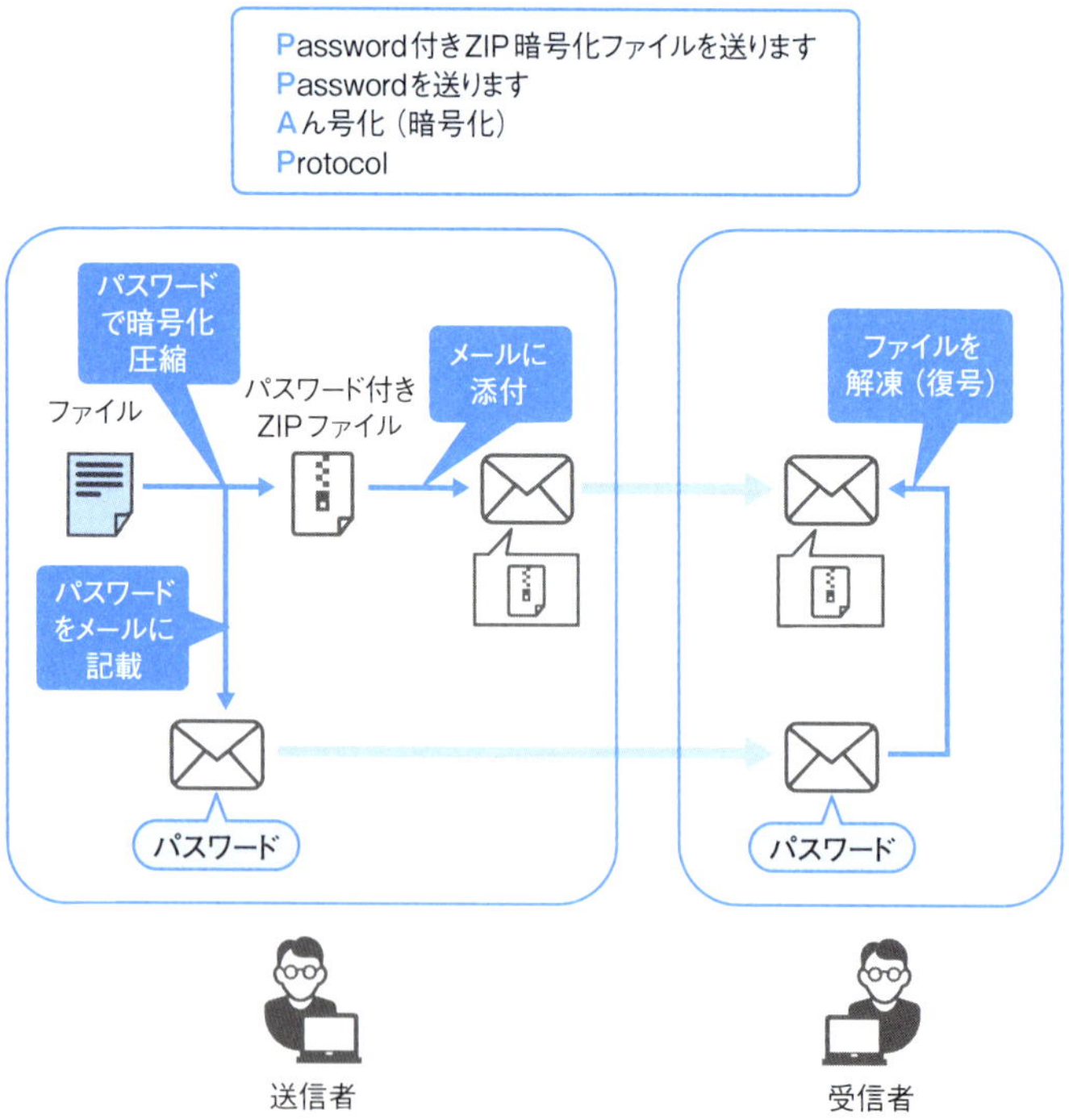
Password付きZIP暗号化ファイルを送ります
Passwordを送ります
Aん号化（暗号化）
Protocol
パスワードで暗号化圧縮
ファイル
パスワード付きZIPファイル
メールに添付
パスワードをメールに記載
パスワード
ファイルを解凍（復号）
パスワード
送信者
受信者

日本政府は2020年11月、こうした指摘を受け入れ、中央省庁でパスワード付きZIPファイルのメール送信を廃止することを発表。実際11月26日には内閣府と内閣官房で廃止した。また、クラウド会計ソフトを手がける「freee（フリー）」も、メールによるパスワード付きファイルの受信を2020年12月1日から原則廃止した。

PPAPの利点としては、メールの誤送信対策や盗聴防止が挙げられている。まず誤送信対策について考えてみよう。PPAPならファイル添付メールとパスワード記載メールの両方を入手しないとファイルを復号できない。このためどちらか1通を誤送信しても情報は流出しないという説だ。だが、PPAP運用を採用している企業や組織の多くで、添付ファイルを自動的に暗号化し、そのパスワードを別のメールで自動送信するPPAP対応製品が使われている。この場合メールアドレスを間違えたら、そのメールアドレスに両方のメールが送られる。

パスワードを手入力して送信するならどちらか一方を誤送信する可能性はあるが、それほど多いとも考えにくい。また手入力で間違えるときには両方同じように間違えることが多いだろう。こういった理由でＰＰＡＰ運用は、誤送信対策としてほぼ機能していないというのが否定派の意見だ。

通信経路上の盗聴を防げるというメリットも考えられる。メールは様々な機器を経由して送られるので、ＴＬＳなどで保護されていない経路を通る可能性がある。ＰＰＡＰならデータを暗号化しているので盗聴されても中身を読まれないという理屈になるが、パスワード付きファイルを盗聴される状況では、同じ経路を流れるパスワードも盗聴される可能性が高い。

そもそも現在では、メールが通過する通信経路の多くが保護されており、通信経路を流れるデータを盗聴するのは容易ではないことも考え合わせると、ＰＰＡＰ運用を採用する理由としては弱い。

エモテットは２０２１年１月、欧米各国の法執行機関の取り組みにより事実上終息した。エモテットに命令やモジュールなどを送信していたサーバーが押収され、関係者の一部も逮捕された。さらに当局は押収したサーバーを使って、感染して活動しているエモテットに新しいモジュールを送信し、問題のある動作をしないように更新した。つまりエモテットを無害化した。サーバーへのアクセス状況からエモテットに感染している端末を特定し、ISP（インターネット・サービス・プロバイダー）などを介して通知している。エモテットが別のマルウエアを感染させている可能性があるからだ。

いったんは終息したとはいえ安心はできない。エモテットの大きな被害実績を攻撃者が忘れるはずがないからだ。エモテットの手口を取り入れた同様のマルウエアは今後も必ず出現する。エモテットのようなマルウエアの感染拡大を防ぐためには、PPAPをやめるのが望ましいといえるだろう。

ドライブ・バイ・ダウンロード攻撃
Webアクセスだけでマルウエア感染も

Web経由のマルウエア感染の代表例はドライブ・バイ・ダウンロード攻撃である。攻撃者はWebサイトに罠を仕掛け、利用者がアクセスするのを待つ。ここでの罠とは、Web

ブラウザーなどの脆弱性、セキュリティー上の欠陥（バグ）を突くプログラムを指す。ソフトウエアベンダーは細心の注意を持ってソフトウエアを作成しているが、想定外の欠陥が組み込まれてしまう可能性がある。そのうち、サイバー攻撃などに悪用可能なセキュリティー上の欠陥が脆弱性である。

ソフトウエアベンダーは脆弱性を見つけると修正プログラム（セキュリティーパッチ）を提供して脆弱性を解消させる。だが利用者が修正プログラムを適用しなかったりすると攻撃者に悪用される。ソフトウエアベンダーも見つけていない脆弱性を先に攻撃者が見つけるケースもある。ソフトウエアベンダーが認識しておらず、修正プログラムが提供されていない脆弱性はゼロデイ脆弱性と呼ばれ、ゼロデイ脆弱性を突く攻撃はゼロデイ攻撃と呼ばれる。

脆弱性の種類は様々だが、なかにはアクセスするだけで勝手にマルウエアをダウンロードして実行してしまうような脆弱性もある。そういった脆弱性を突くのがドライブ・バイ・ダウンロード攻撃である。こうした脆弱性が残ったＷｅｂブラウザーでは、この種の細工が施されたＷｅｂサイトにアクセスするだけでマルウエアに感染する。

攻撃者はどうやって偽のWebサイトに利用者を誘導するのだろうか。例えば2009年から2010年にかけて日本国内でも猛威を振るった「ガンブラー（Gumblar）」と呼ばれる攻撃ではまず、企業や組織が運営する正規のWebサイトに侵入して細工を施す手口が使われた。正規のWebサイトにアクセスした利用者を、ドライブ・バイ・ダウンロード攻撃の罠を仕掛けた攻撃者のWebサイトへリダイレクトするのである（図6−10）。

また、グーグルがゼロトラストを導入するきっかけとなったサイバー攻撃「オーロラ作戦」でも、ドライブ・バイ・ダウンロード攻撃が使われたとされる。このときの攻撃では、当時広く使われていたWebブラウザー「インターネットエクスプローラー（IE）」のゼロデイ脆弱性が悪用されたという。なおオーロラ作戦では、グーグルをはじめとする複数の大手IT企業が狙われた。このように特定の企業や組織を狙った攻撃は標的型攻撃と呼ばれるが、その一種である標的型のドライブ・バイ・ダウンロード攻撃は「水飲み場攻撃」と呼ばれ、区別される。

違いは攻撃対象だ。一般的なドライブ・バイ・ダウンロード攻撃では、有名なWebサ

図6-10　ドライブ・バイ・ダウンロード攻撃の概要

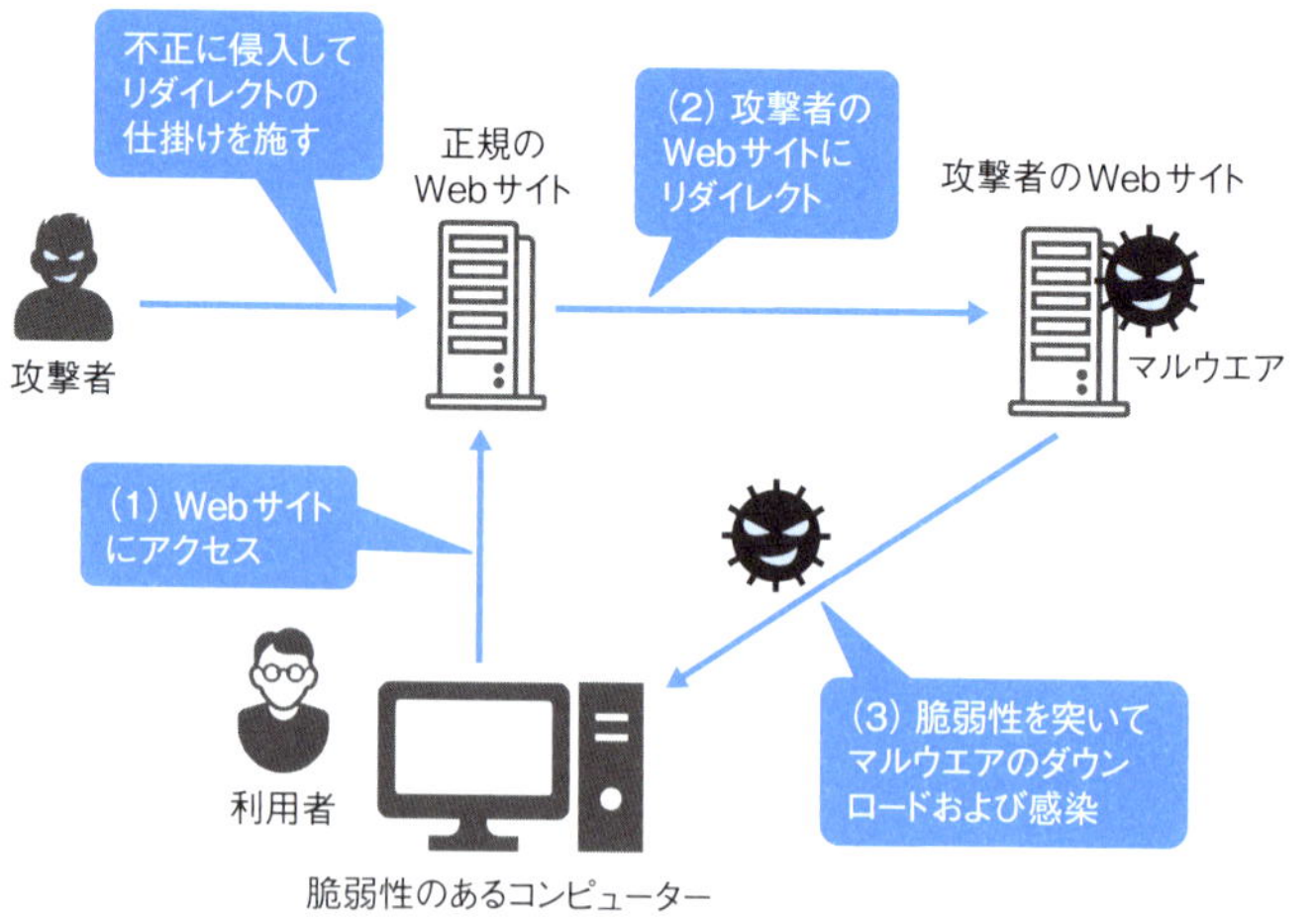

イトを踏み台にして不特定多数の利用者を攻撃対象とする。だが水飲み場攻撃ではターゲットを特定の企業の従業員などに絞る違いがある。そのために罠を仕掛けるWebサイトを厳選する。攻撃者はマルウエアを感染させたい企業の従業員が頻繁にアクセスするWebサイトを調べ、そこに罠を仕掛けるのだ。水飲み場攻撃は2013年以降盛んに行われている。あまり公表されないので明らかではないが、日本国内の企業も多数の被害に遭っているようだ。

サプライチェーン攻撃

正規の修正プログラムやアップデートを改ざん

サプライチェーン攻撃もWeb経由でマルウエアを送り込む手口の1つである。ソフトウエアベンダーのサーバーを乗っ取るなどして、正規の修正プログラムやアップデートプログラムにマルウエアを仕込み、利用者のコンピューターに送り込む。ソフトウエアが利用者に供給されるルート（サプライチェーン）を利用して攻撃することからこの名がある。

2020年12月には広く使われている米ソーラーウインズのネットワーク管理ソフト「オ

リオン・プラットフォーム」が被害に遭い、米国の大手企業や政府組織が被害に受けたとされる。日本の企業が被害に遭った可能性もあるという。

サプライチェーン攻撃と呼ばれるサイバー攻撃は2種類ある（図6－11）1つは、攻撃目標とする企業の周辺企業を狙う攻撃だ。製品やサービスのサプライチェーン（供給網）に関わるグループ会社や子会社、取引先といった周辺企業に侵入し、それらを足がかりに攻撃目標の企業に不正侵入する。もう1つは前述のように、ＩＴ機器やソフトウエアの製造や保守の工程を悪用する攻撃である。機器やソフトウエアの提供元（配布元）に侵入して、それらにマルウエアを仕込む。

攻撃パターンには、機器やソフトウエアの更新プログラムを配布するサーバーに侵入し、更新プログラムにマルウエアを仕込むものもある。正規のサーバーから配布された更新プログラムにマルウエアが含まれるので防御が難しい。Ｗｅｂ経由のマルウエア攻撃に該当するのは後者のサプライチェーン攻撃である。前者と後者を区別するために、後者のサプライチェーン攻撃を「ソフトウエアサプライチェーン攻撃」と呼ぶこともある。

図6-11　サプライチェーン攻撃の概要

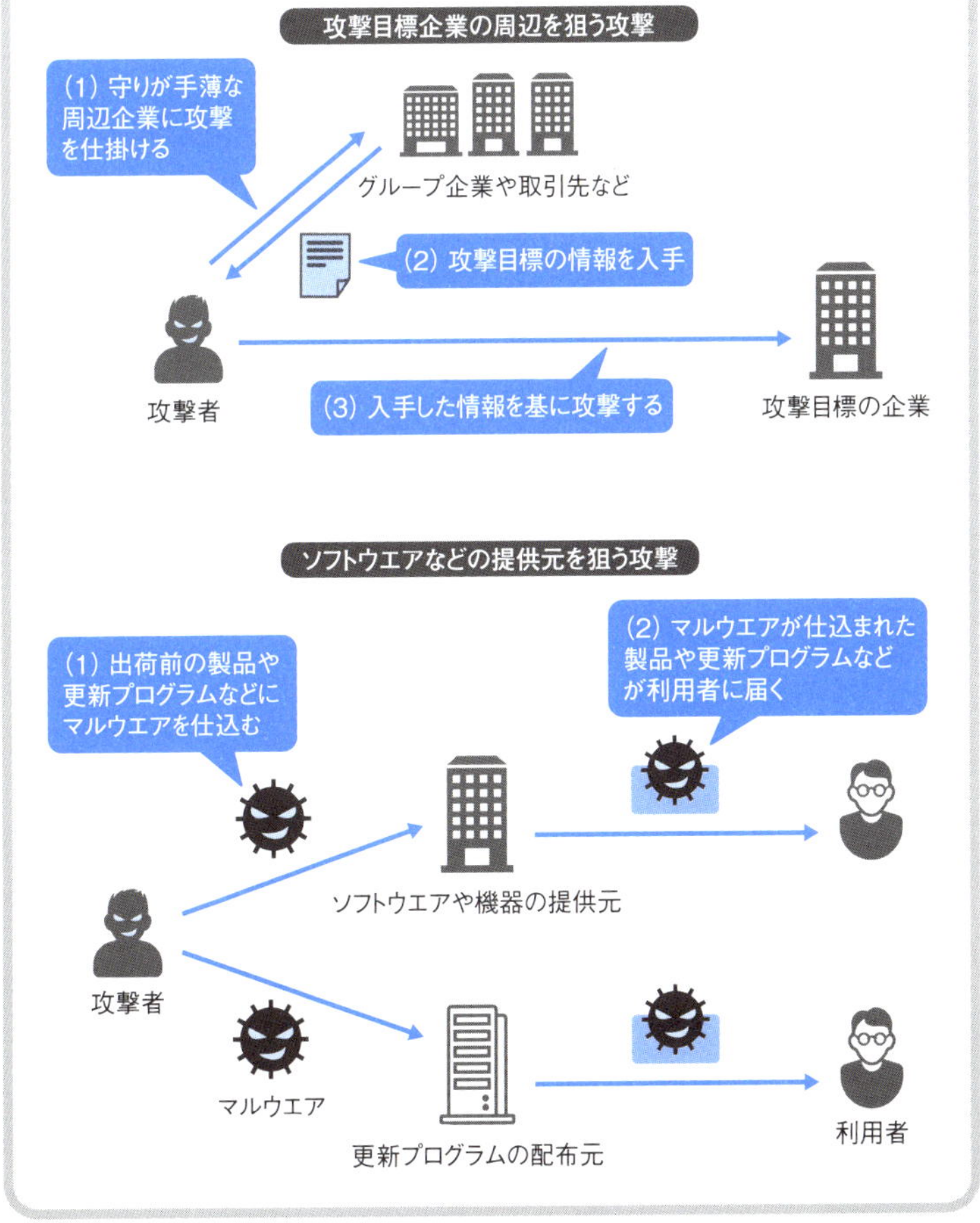

ランサムウエア

データを暗号化して金銭を要求

マルウエアはプログラムの一種であり、利用者に実行させる、あるいは脆弱性を突くなどして一度実行されれば、通常のアプリケーションプログラムと同様にどのような動作でも可能だ。これまでも様々なマルウエアが出現してきたが、近年大きな脅威になっているのがランサムウエアである。ランサムウエアとは、コンピューターに保存されているデータを勝手に暗号化して利用不能にするマルウエアである。復号するためのキー（パスワード）やツールが欲しければ金銭を支払えと要求する（図6−12）。「ランサム」とは身代金の意味。まさに、データを人質にして身代金を要求するマルウエアである。

ランサムウエアの歴史は古く、1989年には出現している。2005年には「GPコード（GPCode）」と命名されたランサムウエアによる被害が確認された。以降、継続的に報告されているが、大きな話題にはならなかった。ランサムウエアの被害が近年拡大しているのは、攻撃者が「身代金」を安全に受け取る方法が確立されたからだ。匿名化通信の

図6-12 ランサムウエアの概要

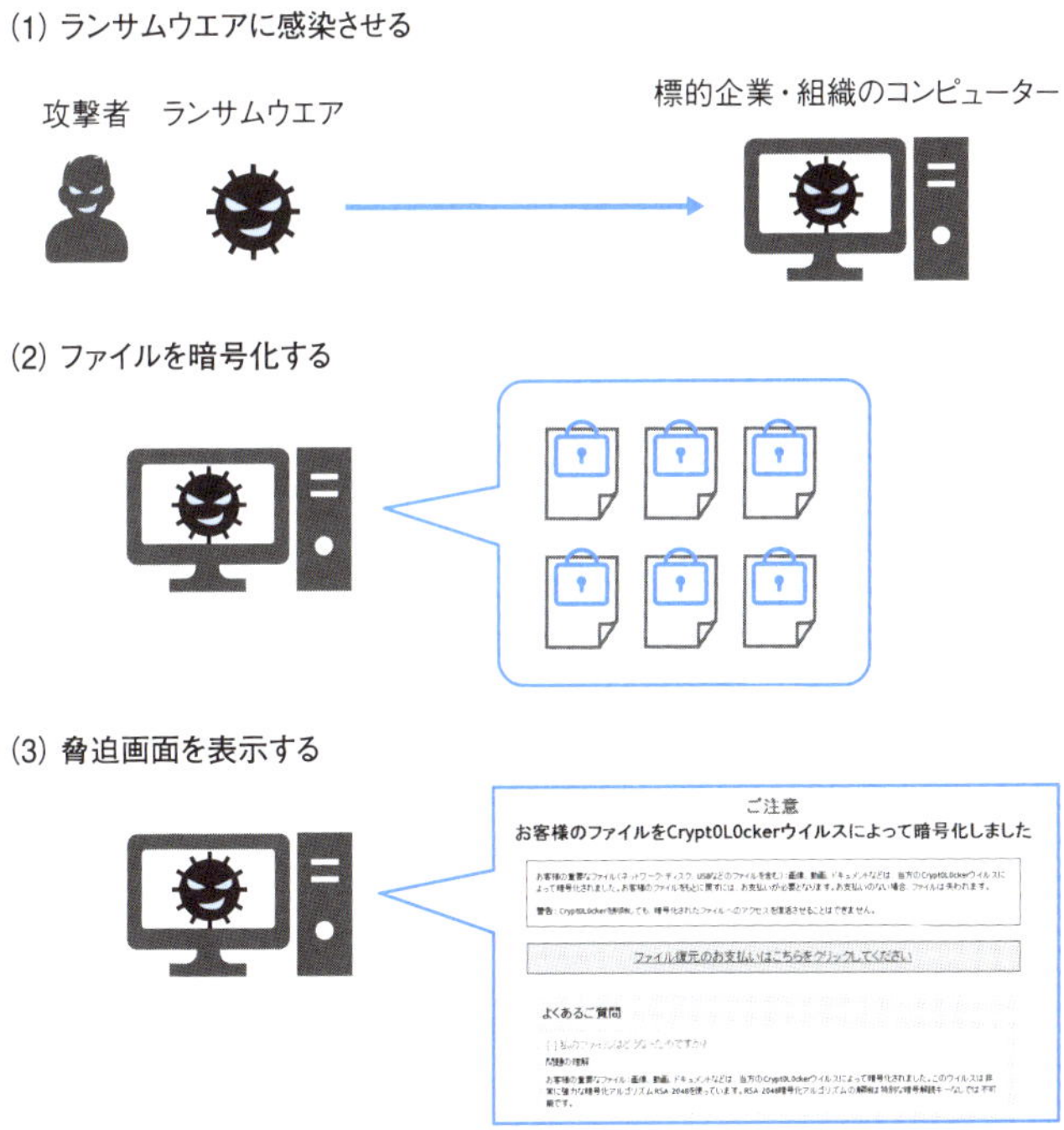

「Ｔｏｒ（トーア、ザ・オニオン・ルーターの略）」と、ビットコインに代表される暗号資産（仮想通貨）の普及である。以前は、被害者との連絡や金銭の授受の際に身元を特定される可能性が高かったため、ランサムウエアを使う攻撃者はそれほど多くなかった。

ところが、Ｔｏｒやビットコインを使えば、身元を特定されるリスクを最小限に抑えられる。実際、最近のランサムウエアのほとんどは、通信にＴｏｒを、身代金の支払いにはビットコインを使うように指示している。また少し前までのランサムウエアは、米国などの海外で確認されており、主に英語圏の企業や組織が標的だった。ところが近年のランサムウエアは、明らかに日本企業や日本人も狙っている。身代金を要求する文面も以前は英語などの外国語表記がほとんどだったが、日本語で脅迫するランサムウエアも増えている。

代表例が２０１７年5月に出現した「ワナクライ（WannaCry）」である（図6-13）。多くの日本企業が被害に遭い大々的に報じられたため、ワナクライを契機に日本国内でもランサムウエアが広く知られるようになった。

図6-13 ランサムウエア「ワナクライ」が表示する脅迫画面

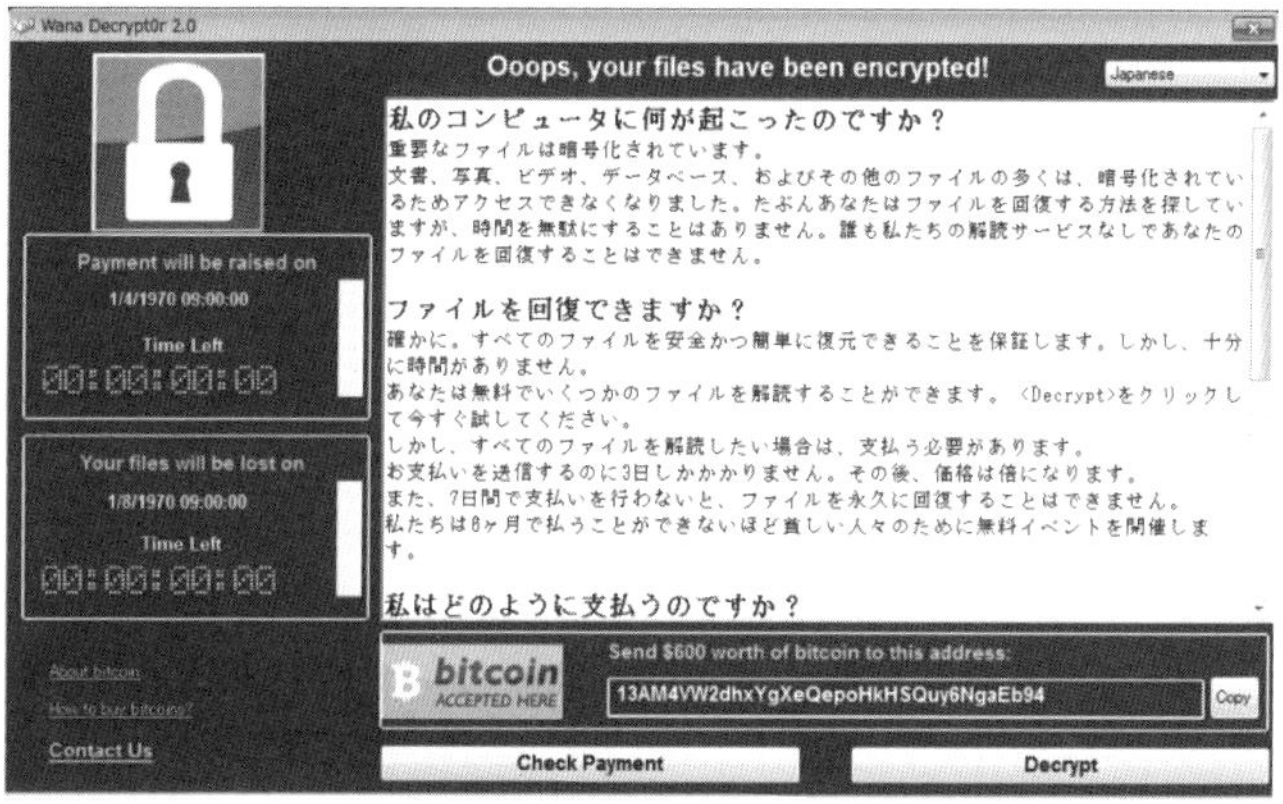

暴露型ランサムウエア攻撃

奪ったデータを勝手に公開

ランサムウエアによる被害が相次いだ結果、対策としてデータバックアップの体制を整える企業が増えた。バックアップデータがあれば攻撃者にデータを暗号化されても復旧できる。つまり身代金を支払う必要がない。そうした企業からも身代金を奪うためにランサムウエアの攻撃者が打った次の手が、企業の内部情報が含まれたデータをインターネットに公開すると脅迫する手口である。これを暴露型ランサムウエア攻撃と呼ぶ。

暴露型ランサムウエア攻撃では、攻撃者はランサムウエアで暗号化する前にデータを盗む。身代金を支払わないとデータの復号に必要な情報を渡さないばかりか、そのデータをインターネットで暴露（公開）すると脅すのだ（**図6-14**）。暗号化と暴露の二重で脅迫するため、「二重脅迫型ランサムウエア攻撃」などとも呼ぶ。

攻撃者グループによっては被害者に打診することなく、盗んだデータの一部を「証拠」と

図6-14　暴露型ランサムウエア攻撃の概要

従来のランサムウエアは感染したコンピューターのデータを暗号化し、復号する データやツールが欲しければ身代金を払うように脅迫する。暴露型ランサムウエア攻撃は、暗号化データの身代金を脅迫するだけでなく、データをインターネットで暴露すると脅す。

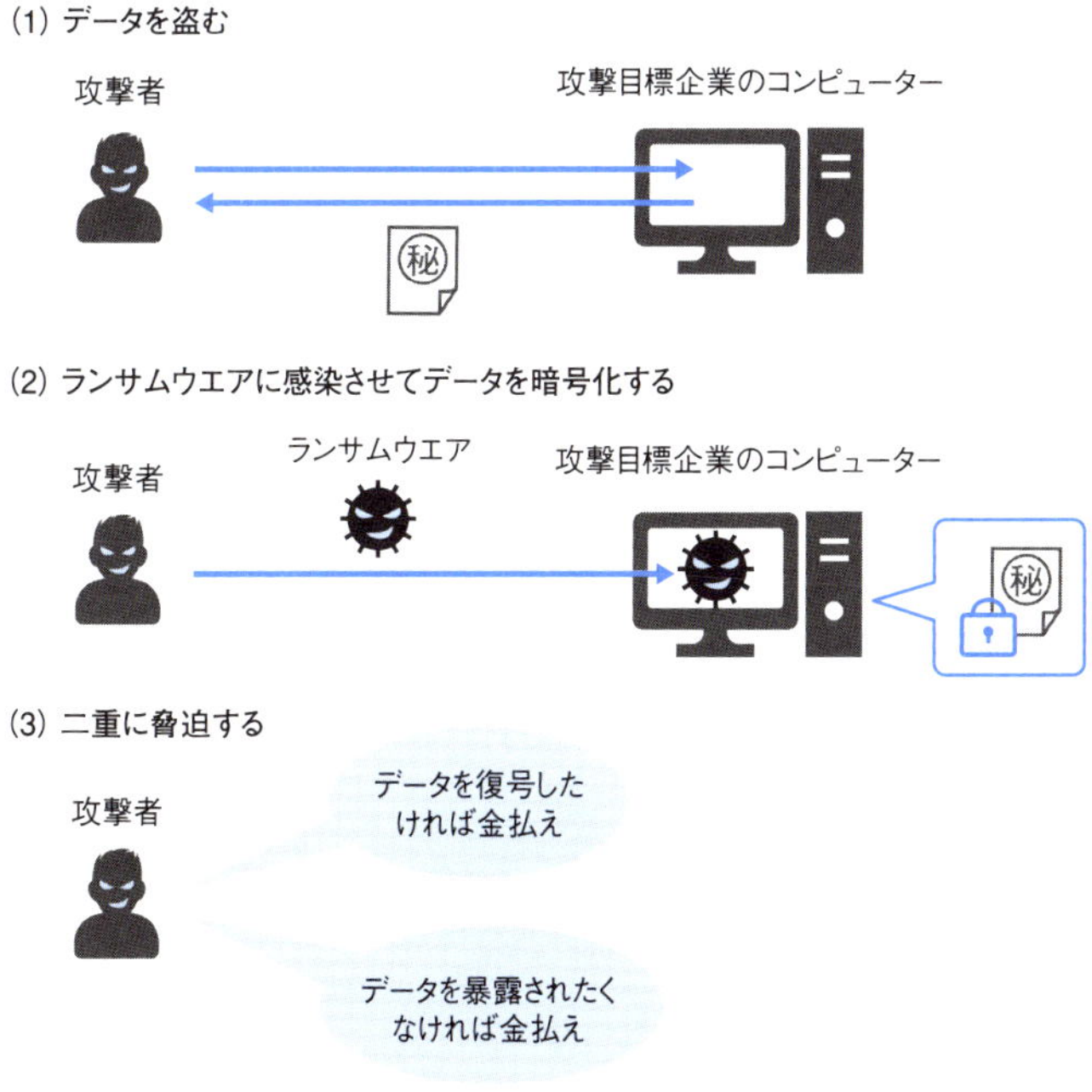

してまず、公開する（図6－15）。そして身代金を支払わないと残りのデータも公開すると脅す。身代金を支払えば、残りのデータを暴露しないのはもちろん、公開済みのデータも消去するとしているが、その約束が守られる保証はない。

修正プログラム未適用のVPN製品を狙う

VPN経由の不正侵入

社内ネットワークに勝手に侵入する不正侵入はもともと大きな脅威の1つである。インターネットなどの外部ネットワークから社内ネットワークに侵入し、コンピューターに保存されている重要な情報を盗み出す。最近はこの危険性が改めて高まっている。新型コロナウイルス感染症流行の影響でVPNを利用したリモートワークが爆発的に増えているためだ。

不正侵入の手段として多いのは、外部からのアクセスを可能にするマルウエアを使う手口だ。メールやWebサイトを使って社内ネットワークにマルウエアを送り込み、それを足がかりに侵入する。だが、社内ネットワークとインターネットの境界に設置したVPN製品

図6-15　暗号化前のデータを公表して脅迫

サイバー攻撃者グループ「MAZE」の Web サイト。標的とした企業・組織のデータを暗号化するだけではなく、暗号化前のデータを盗んで Web サイトで公表。削除してほしければ身代金を支払うよう求める。画像は編集部で修整。また、企業・組織から盗んだと思われる情報の中身は確認していない。

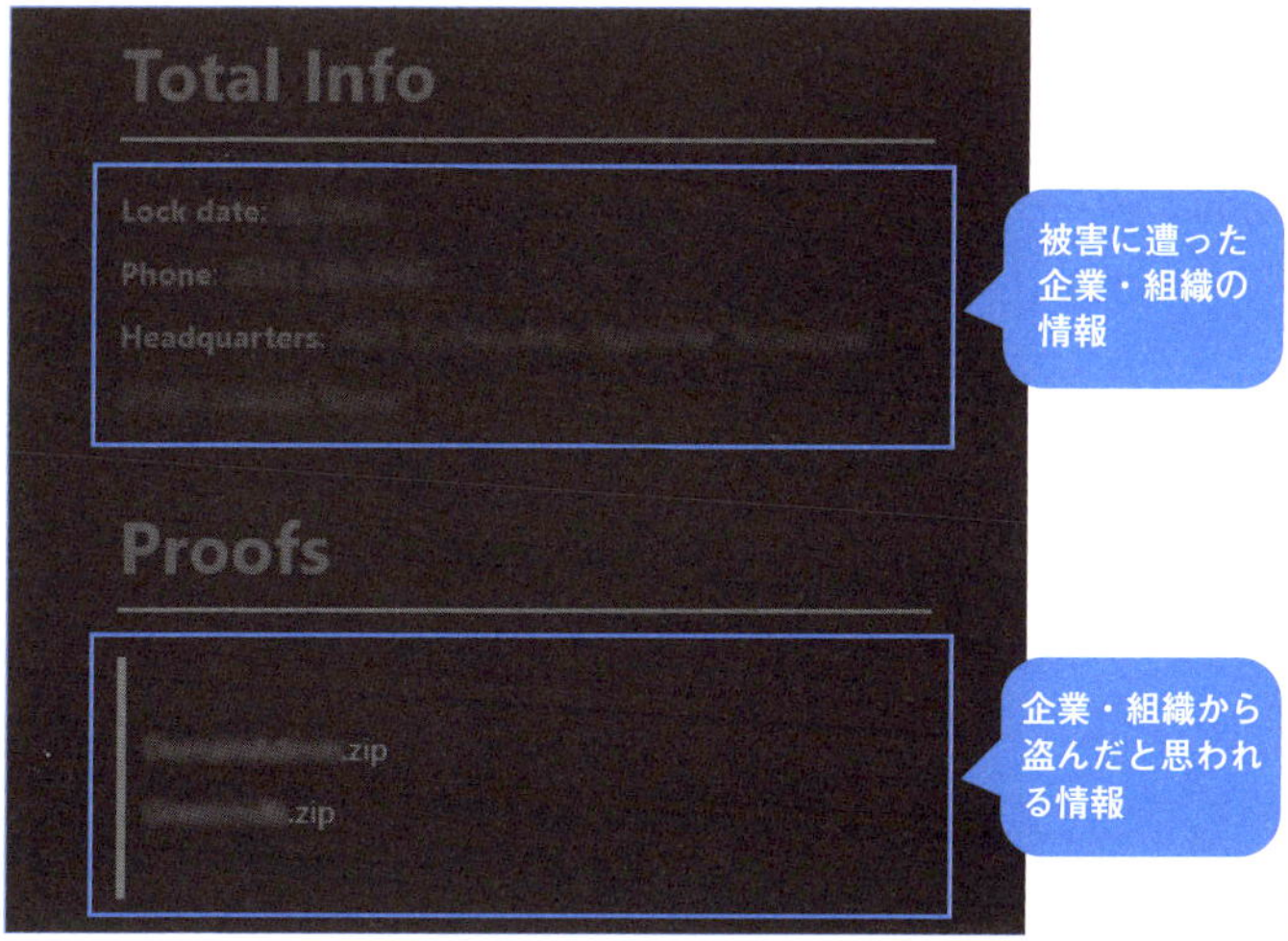

の脆弱性を悪用すれば、マルウエアを使わずに社内ネットワークに不正侵入できる（図6−16）。

新型コロナへの感染確率を減らすため、出社しないで働くリモートワークが推奨されている。従業員が自宅などから社内ネットワークにアクセス可能にするためにＶＰＮを新規に導入したり増強したりした企業は多かったはずだ。ＶＰＮの利用が増えるのに伴い、ＶＰＮ製品の脆弱性を悪用する攻撃も増加した。ＶＰＮ製品は境界防御およびテレワークの要なので、脆弱性が見つかったとしても止めるのが難しい。そこを攻撃者に狙われているようだ。

例えばコロナ禍になる前の２０１９年９月、米フォーティネット、米パルスセキュア、米パロアルトネットワークスといった大手ベンダーのＶＰＮ製品にそれぞれ脆弱性が見つかったとして国内外のセキュリティー組織は注意を呼びかけていた。各ベンダーも修正プログラムを提供するとともに注意喚起した。

だが修正プログラムの適用が進まないままコロナ禍に突入。ＶＰＮ製品を悪用したサイバー攻撃による被害が急増しているとして２０２０年４月、国内外のセキュリティー組織

図6-16　VPN製品の脆弱性を悪用する攻撃の概要

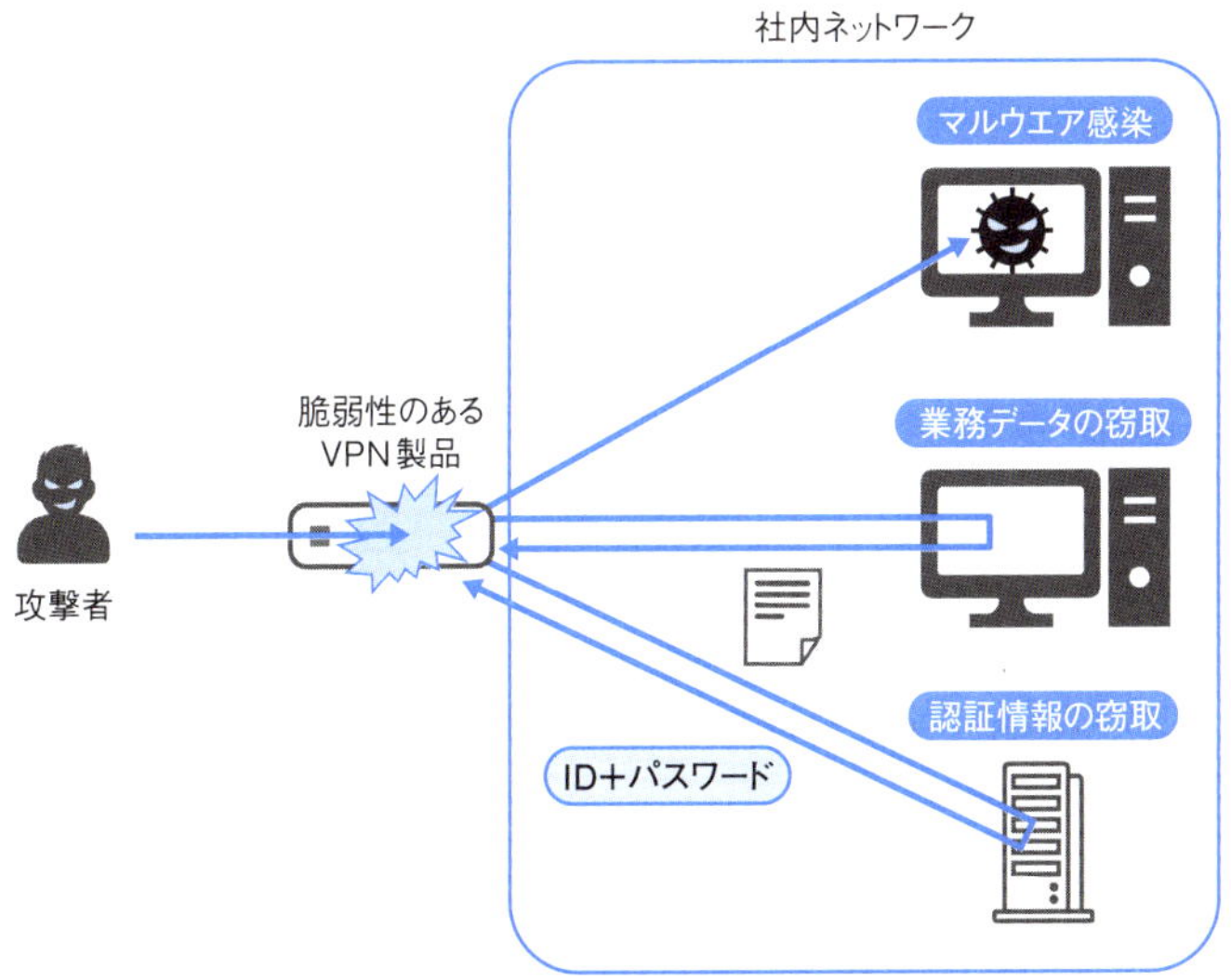

は改めて注意を呼びかけた。

自給自足型攻撃（LOTL攻撃）

標準コマンドなど使い、攻撃を見抜かれにくく

VPN製品の脆弱性を突かれるなどして社内ネットワークに侵入された場合の問題は、攻撃者に自由に活動されてしまう点である。第1章で書いたように、侵入に成功した攻撃者が社内ネットワークを横断的に荒らし回ることはラテラルムーブメント（横方向への移動）と呼ばれる。これにより社内からの攻撃には無防備という境界防御の弱点を突かれる。

最近はラテラルムーブメントの際に「リビング・オフ・ザ・ランド（LOTL）攻撃」が実施される例が増えている。日本語では環境寄生型攻撃や自給自足型攻撃と呼ばれる。「自給自足」と呼ぶのは外部から攻撃ツールやプログラムを持ち込まず、侵入したコンピューターやネットワークの正規ツール、ウィンドウズの標準コマンドを使うからだ。業務で使っているツールやコマンドを使って社内ネットワークを調査したり、盗んだデータを外部に送信し

図6-17　米国政府機関を襲ったサイバー攻撃の概略

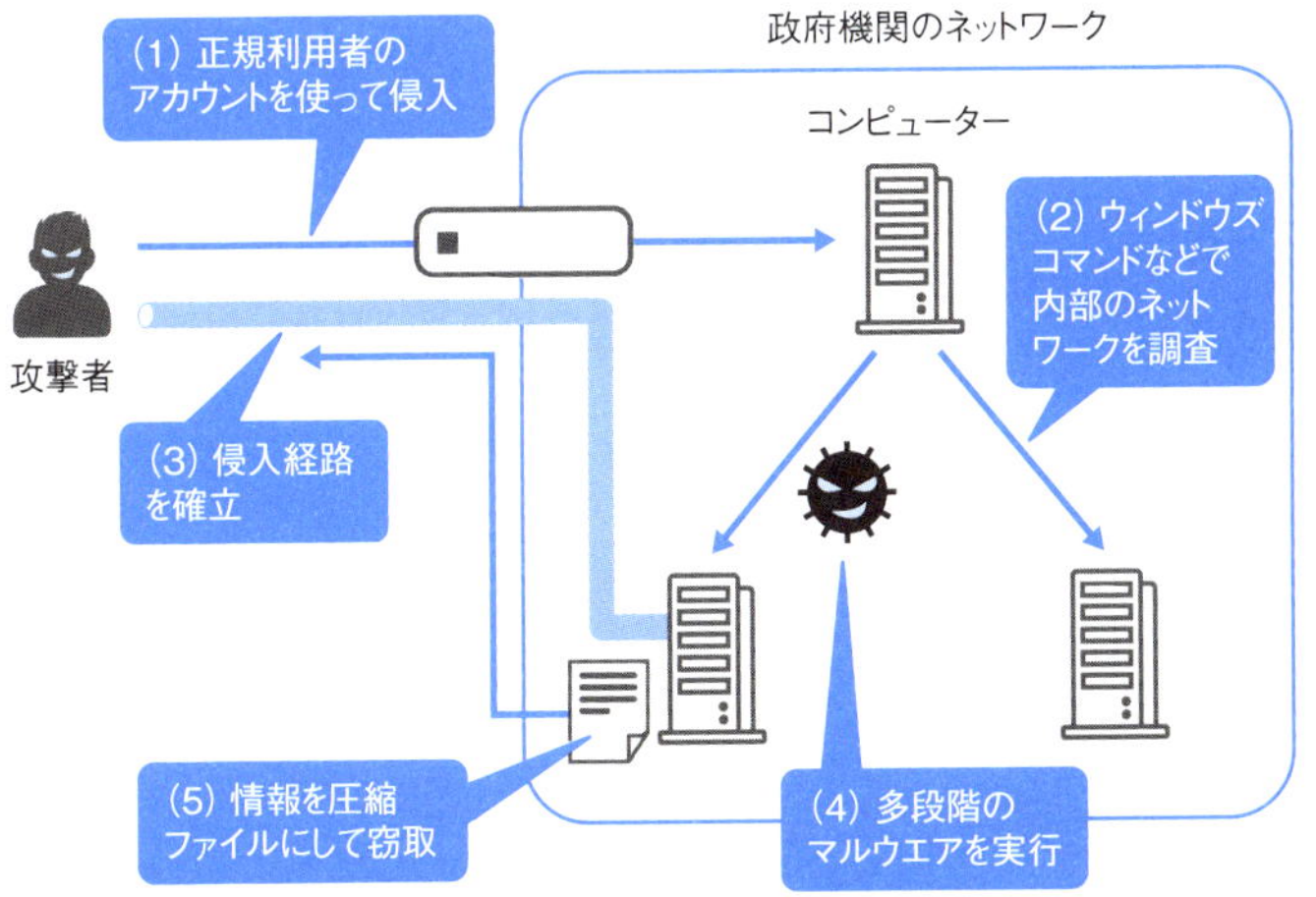

たりする。正規のツールやコマンドを利用するため、繰り返しても攻撃の一環であると見抜かれにくい。

例えば2020年9月下旬、米サイバーセキュリティー・インフラストラクチャー・セキュリティー庁（CISA）は、ある政府機関のネットワークが不正侵入されて情報を盗まれた恐れがあると明らかにした。その際、LOTL攻撃を用いたとされる（図6-17）。

社内ネットワークを流れるデータを監視する侵入防御システム（IPS）や侵入検知システム（IDS）といった機能だけではLOTL攻撃は見抜くのが難しい。確実に検出するには、コンピューターや機器のログなどを集約して分析するセキュリティー情報イベント管理（SIEM）などが不可欠だ。

まとめ

1 組織に被害を与えるセキュリティー上の脅威、いわゆるサイバー攻撃の手口を理解するのは重要だ。ゼロトラストに移行したからといって脅威から無条件で逃れられるわけではない。ポイントを押さえた守りが不可欠だ。脅威を理解すれば、押さえるべきポイントが明らかになる。

2 利用者をだますサイバー攻撃の代表例がフィッシング詐欺だ。メールで偽サイトに誘導してパスワードなどを入力させる。SMSや電話を使う手口も広がっている。パスワードを盗まれるとなりすましの被害に遭う。その最たるものがビジネスメール詐欺である。偽のメールを組織の財務担当者などに送付し、攻撃者の口座に金銭を振り込ませる。

3 マルウエアも代表的な脅威である。メールやWeb経由で攻撃対象の従業員の端末に送り込み、不正侵入の足がかりにする。マルウエアには様々な種類が存在する。近年増えているのはランサムウエアだ。データを暗号化して利用不能にし、復号したければ身代金を支払うよう脅迫する。加えて暗号化前のデータを盗み、身代金を支払わないと公開すると脅迫する暴露型ランサムウエア攻撃も猛威を振るっている。

4 サプライチェーン攻撃の被害も相次いでいる。攻撃対象の企業や組織の子会社や関連組織などを先に狙う攻撃と、ソフトウエアベンダーのサーバーを乗っ取るなどして、出荷前の製品や更新プログラムにマルウエアを仕込み、利用者のコンピューターに送り込む攻撃がある。

5 コロナ禍で利用が急増したＶＰＮを狙う不正侵入も後を絶たない。ＶＰＮ製品の脆弱性を悪用するなどして侵入し、社内ネットワークを横断的に荒らし回る。境界防御の弱点を突く攻撃なので、ゼロトラストへの移行が効果的な対策になる。

表6-1　この章で紹介した最近の主なサイバー攻撃の手法

名称	概要
フィッシング（Phishing）詐欺	偽メールなどでの偽サイトに利用者を誘導してIDやパスワードなどを盗む。誘導にSMSを使う「スミッシング（Smishing）」、音声通話を使う「ビッシング（Vishing）」などの亜種もある
中間者攻撃（Man-in-the-middle）	攻撃者が利用者と正規のWebサービスのやりとりを中継するなどして双方の通信を傍受して情報を盗む。多要素認証でも防げないケースがある
ビジネスメール詐欺（BEC:Business Email Compromise）	取引先や上司などになりすましたメールで攻撃者の口座に金銭を振り込ませる
エモテット（Emotet）	メールで感染を広げるマルウエアの代表格。添付したマイクロソフトワードのファイルに仕込んだマクロで感染を広げる。2021年1月に根絶された
ドライブ・バイ・ダウンロード攻撃（Drive-by download）	罠を仕掛けたWebサイトに誘導し、Webブラウザーの脆弱性などを突いてマルウエアに感染させる
サプライチェーン攻撃	IT機器やソフトウエアの更新プログラムを配布するサーバーに侵入したり、流通を担うグループ企業に侵入し、正規の更新プログラムなどにマルウエアを仕込む
ランサムウエア（Ransomware）	コンピューターに保存されているデータを暗号化して利用不能にし、復旧したければ金銭を支払えなどと脅迫するマルウエア
暴露型ランサムウエア攻撃	ランサムウエアで暗号化する前に企業などの機密情報を盗み、その一部を勝手に公開した上で要求に応じなければ全部を暴露すると脅迫する
VPN経由の不正侵入	外部からのアクセスを可能にするVPN製品の既知の脆弱性を利用する。修正プログラム未適用の製品が狙われる
自給自足型攻撃（LOTL：Living Off The Land）	侵入したコンピューターの正規のツールやウィンドウズの標準コマンドを使って攻撃する。マルウエアなどを持ち込まないので発覚しにくい

勝村 幸博（かつむら・ゆきひろ）

1997年日経BP入社。主にセキュリティーやインターネット技術を幅広く取材。ITpro（現日経クロステック）、日経パソコン、日経コンピュータなどの編集部を経て、現在は日経NETWORK編集長。日経クロステックで「勝村幸博の『今日も誰かが狙われる』」を連載中。著書に「コンピュータウイルス脅威のメカニズム」「すぐそこにあるサイバーセキュリティーの罠」などがある（いずれも日経BP）。情報セキュリティアドミニストレータ、情報処理安全確保支援士、博士（工学）。

ゼロトラスト
Googleが選んだ最強のセキュリティー

2021年 6月21日　第1版第1刷発行

著者　勝村 幸博
発行者　吉田 琢也
発行　日経BP
発売　日経BPマーケティング
〒105-8308　東京都港区虎ノ門4-3-12
装丁　松川 直也
制作　日経BPコンサルティング
編集　山田 剛良
印刷・製本　図書印刷

Printed in Japan　ISBN978-4-296-10899-2

本書籍に関するお問い合わせ、ご連絡は下記にて承ります。
https://nkbp.jp/booksQA